엄마표 진로 코칭

초등부터 시작하는

엄마표 진로 코칭

인쇄일 2019년 11월 11일
발행일 2019년 11월 18일

지은이 조우관
펴낸이 유경민 노종한
기획마케팅 우현권 금슬기 남지훈 최지원
기획편집 이현정 김형욱 박익비 임지연
디자인 남다희 홍진기
펴낸곳 유노라이프
등록번호 제2019-000256호
주소 서울시 마포구 양화로7길 71, 2층
전화 02-323-7763 **팩스** 02-323-7764 **이메일** uknowbooks@naver.com

ISBN 979-11-968067-2-9 (13590)

- — 책값은 책 뒤표지에 있습니다.
- — 잘못된 책은 구입하신 곳에서 환불 또는 교환하실 수 있습니다.
- — 유노라이프는 유노북스의 자녀교육, 실용 도서를 출판하는 브랜드입니다.
- — 이 도서의 국립중앙도서관 출판예정도서목록(CIP)은 서지정보유통지원시스템 홈페이지(http://seoji.nl.go.kr)와 국가자료공동목록시스템(http://www.nl.go.kr/kolisnet)에서 이용하실 수 있습니다.(CIP제어번호: CIP2019044583)

초등부터 시작하는

엄마표 진로 코칭

조우관
(더커리어스쿨 대표)
지음

유노라이프
LIFE

프롤로그

엄마의 관심이 아이의 미래를 바꾼다

가끔 엄마들에게 아이의 진로 지도를 어떻게 하느냐고 물으면 수줍은 듯 이야기합니다. 나중에 아이가 커서 가졌으면 하는 직업 위주로 골라서 직업 체험을 시켜 주거나 텔레비전에서 그럴듯한 직업군이 나오면 그 직업에 대한 대화를 한다는 것입니다. 물론, 엄마의 기준에서 아이가 좋은 직업을 가지기를 바라는 것은 아주 당연합니다. 하지만 저는 현장에서 이런 식으로 학습된 아이들이 결국 자신이 진짜 하고 싶은 것이 무엇인지 모른 채 방황하는 경우를 무수히 많이 접했습니다.

아이가 초등학생이 되는 순간, 엄마가 아이의 진로 코치가 돼야만 하는 이유는 무궁무진합니다. 코치는 앞에서 이끄는 사람이 아니라 기다려 주는 사람입니다. 그런데 한창 감수성이 풍부해진 아이에게는 그 감수성을 지켜 주고 그것을 아이가 처한 환경과 연결시켜 주는 사람이 필요합니다. 초등생이 된 아이에게는 바로 그런 코치가 필요합니다. 자신이 직접 상황과 목표를 설정해서 아이에게 주입하는 코치가 아니라, 아이가 주도적으로 자신의 꿈과 목표를 세워서 변화하고 성장할 수 있도록 지원해 주는 역할을 하는 코치입니다. 이러한 역할을 엄마가 아닌 누가 할 수 있을까요?

의사가 되어야만 한 아이가 있었습니다. 엄마는 일찌감치 아이의 장래 직업을 의사로 정해 놓았습니다. 아이는 고작 유치원생이었을 때부터 의사가 되기 위한 훈련을 받았습니다. 영어 유치원에 가서 영어로 생활하는 것은 기본이고, 선행 학습은 당연했습니다. 모든 것을 빨리 이루어야 했습니다. 아이는 엄마를 만족시키기 위해 엄마가 이끄는 대로 따라 갔습니다. 엄마의 뜻대로 자신에게 주어진 선행 학습을 모두 완수했고, 과학고등학교에도 조기 입학 및 조기 졸업을 했습니다.

엄마의 바람을 먹고 자란 아이는 성인이 되어서야 뭔가 잘못

되었다는 것을 깨달았습니다. 그리고 그 모든 문제는 엄마에게 고스란히 돌아왔습니다. 어려서 제대로 표현하지 못하고 가슴속에 꾹꾹 눌러 담아 놓았던 것들을 한꺼번에 터뜨리기 시작했습니다. 자신은 이렇게 의대에 오고 싶지 않았다고, 그렇게 닦달하지 않았어도 자신은 잘 해 낼 수 있었을 거라고 엄마의 면전에다 있는 대로 울분을 토했습니다. 결국 아이와 엄마의 관계는 되돌릴 수 없는 지경에 이르렀고, 아이는 이제 대학생이 되었지만 자신이 어린 시절 받은 강압된 교육의 영향에서 벗어나지 못한 채 마음의 병을 앓고 있습니다.

극단적인 사례처럼 들리겠지만, 현장에서 만난 학생들, 부모들로부터 수시로 듣는 이야기입니다. 엄마들은 말합니다. 아이가 이렇게 힘들어 할 줄 알았다면 그렇게 몰아넣지 않았을 거라고. 한 번만이라도 아이가 싫다거나 버겁다는 표현을 했더라면 그렇게 강압하지 않았을 거라고. 아이가 자신의 지휘를 잘 따라오는 줄로만 알았다고.

아이는 엄마 마음에 들고 싶어 합니다. 사랑받고 싶어 합니다. 사랑받는 방법으로 엄마의 말을 잘 듣고 엄마가 좋아하는 일을 하려고 합니다. 그래서 어린 시절에는 엄마의 방식대로, 엄마가 원하는 대로 자신도 모르게 이끌려 갑니다. 하지만 억압된 자아는 안에서 차곡차곡 쌓이고 먼 훗날 한꺼번에 터져 나옵니다.

그런가 하면, 아이의 진로에 전혀 관심이 없는 엄마도 있습니다. 특히, 자신의 일이 바쁜 엄마는 아이가 그냥 알아서 잘 커 주기를 바라기도 합니다. 꿈은 자신이 찾아야 하는 거라며 모든 것을 아이에게 맡기는 엄마도 있습니다. 특히, 어려서 부모님의 강압으로 상처받은 경험이 있는 엄마는 자신의 아이만큼은 다르게 키우겠다는 일념으로 방관자적인 양육 태도를 보이고는 합니다. 하지만 아직 전두엽이 자라지 않은 아이에게 자신의 미래를 스스로 결정하라며 모든 것을 맡겨 놓기만 하면 아이를 불안한 환경에 노출시켜서 무기력증을 유발할 수도 있습니다.

부모가 전혀 관심을 갖지 않은 아이가 직업을 찾아야 하는 시점이 되었을 때 어떤 목표와 목적으로 직업을 찾아야 하는지 모르는 경우가 대부분입니다. 부모는 아이의 자율성을 키우겠다는 명분이 있었을지 모르겠으나, 아이는 그것을 무관심, 방임, 방관으로 받아들입니다.

부모의 의사를 강요하는 것이든 무작정 방임하는 것이든 모두 정서적 폭력이자 학대인 것은 마찬가지입니다. 더구나 이런 행위가 종종 '다 네가 잘 되라고 그러는 거야'라는 말로 미화되기까지 합니다.

그렇다면 엄마의 진로 코칭은 어떻게 시작하는 것이 좋을까요? 당연한 말이겠지만, 내 아이를 관찰하고 이해하는 것으로부터 시작해야 합니다. 그런데 현실에서는 아이의 흥미와 적성을 전혀 고려하지 않고 좋아 보이는 직업, 잘 나가는 직업을 아이의 눈앞에 펼쳐 놓는 엄마가 많습니다. 가끔 적성 검사는 무시하고 진로 체험만 중요하게 여기는 엄마도 있습니다.

내 아이가 어떤 아이인지 아는 것이 진로 코칭에서 제일 첫 번째 해야 할 일이라는 사실을 잊지 말아야 합니다. 따라서 전문기관을 찾아서 직업 적성 검사와 전문가의 해석을 통해 내 아이의 성향을 정확히 파악하는 것부터 해야 합니다. 상황이 여의치 않다면, 이 책의 부록으로 수록돼 있는 질문지를 통해 어느 정도 아이의 성향을 파악할 수도 있을 것입니다. 그렇지 않고 아이의 성향과 기질을 무시한 채 무턱대고 아이에게 직업의 세계를 보여 주는 것은 가장 나쁜 사례 중 하나가 될 뿐입니다. 진로 탐색의 핵심은 아이에 대한 이해와 직업 세계에 대한 이해를 적절히 매칭시키는 것입니다.

이 책에는 이처럼 엄마가 아이의 성향과 기질을 이해하기 위한 방법들, 특히 미래 아이의 직업과 관련해 엄마가 알아 두어야 할 필수 정보들, 그리고 엄마와 아이가 일상생활에서 실천할 수 있는 대표적인 진로 활동들을 소개해 놓았습니다. 엄마는 이 책을 통해 엄마표 진로 코칭의 개념과 노하우를 익힐 수 있을 것이고, 더 나아가 직접 또 다른 활동들을 찾거나 다양하게 응용할 수도 있을 것입니다.

예전에는 꿈이 얼마나 큰지가 중요했다면, 이제는 꿈이 얼마나 다양한지가 중요한 시대입니다. 꿈이 다양하면 하나의 꿈이 좌절되어도 인생 전체가 흔들리지 않을 수 있습니다. 하나의 좌절과 실패가 있더라도 금세 새로운 꿈을 향해 일어서고 나아갈 수 있기 때문입니다. 따라서 아이에게 꿈에 대한 이야기를 가급적 많이 들려주는 것이 좋습니다.

이제 엄마와 아이의 진로 탐색과 꿈을 찾아가는 여정은 즐겁고 행복할 것입니다. 엄마가 일방적으로 정보를 제공하고 진두지휘하는 것이 아니라 아이와 동반자가 되어 발을 맞추어 나가면, 분명 아이는 행복한 어른으로 자라 자신이 하고 싶은 일을 마음껏 할 수 있게 될 것입니다.

조우관

차례

엄마표 진로 코칭 2

왜 꼭 엄마까지 나서야 할까?

성공하는 진로 코칭의 몇 가지 대전제

엄마표 진로 코칭 3

아이와 함께 하는 엄마표 진로 코칭 10

재능 발견부터 직업 서치까지

엄마표 진로 코칭 4

성장하는 엄마가 아이의 성장을 이끈다

엄마의 진로 찾기

부록 _

엄마가 꼭 알아야 할 내 아이 체크 리스트

· 엄마표 진로 코칭 1 ·

내 아이의 10년 후 미래를 생각한다

초등부터 준비하는 인생 계획

진로를 뜻하는 영어 단어 'Career'는 'Carro'에서 유래했는데, '수레가 가는 길을 따라 간다'는 의미입니다. 사전에서는 '한 개인의 생애 전 과정'이라고 정의합니다. 케네스 호이트(Kenneth B. Hoyt)는 인간이 일생 동안 하는 일을 총칭하는 말로 '삶의 중핵이며 인간이 목표를 이루는 길'이라고 표현합니다. 따라서 진로는 단순히 임금을 받고 일하는 직업만을 의미하지 않습니다. 한 사람이 살아가면서 하는 모든 사회적 활동, 즉 학교생활, 직장 생활, 심지어 은퇴 후 이어지는 제2의 삶까지 모두 포함하는 개념입니다.

진로는 전 생애에 걸쳐 발달해 갑니다. 예전에는 하나의 직업을 선택해 늙을 때까지 유지했지만, 이제는 하나의 직업으로 평생을 먹고살 수 있는 구조가 아닙니다. 이 현상을 불행으로 여기는 사람이 많습니다. 그래서 청년층은 불안감에 휩싸여 너도나도 '공시족'이 되는 현실입니다. 하지만 관점을 바꾸면, 평생 하나의 직업만 갖지 않아도 된다는 것은 사실 축복에 가깝습니다. 몇 년 되지 않는 학창 시절에 배운 지식으로 한평생 먹고살아야 한다는 것이 어찌 보면 기형적이라고 할 수 있습니다. 어떤 새로운 기술도 익히지 않고 어떤 도전도 할 필요가 없이 무사안일한 태도로 사는 사람은 무기력하고 무료한 삶을 살게 될 것이기 때문입니다.

예전에는 진로 상담이라고 하면 곧 직업 상담을 의미했습니다. 그만큼 진로 상담은 무시되었습니다. 왜냐하면 앞서 말한 것처럼 대학만 잘 들어가면 평생 먹고살 수 있었기 때문입니다. 그런 상황에서는 개인의 흥미와 관심은 철저히 외면당한 채 사회적으로 인기 있는 직업에 사람들이 몰려들 수밖에 없었고, 더구나 오늘날처럼 많은 사람이 대학의 혜택을 누릴 수도 없었습니다. 대학생이라고 하면 으레 지식인 대우를 했고, 대학 4년 동안 배운 기술과 지식을 높게 평가했습니다.

하지만 이제는 상황이 달라졌습니다. 대학생은 더 이상 지식인 범주에 속하지 못할 뿐만 아니라 대학교에서 배우는 것은 교양 수준에 지나지 않는 것으로 인식되고 있습니다. 대학이 학문을 깊이 탐구하는 곳이 아니라 취업을 준비하는 곳으로 전락했다는 이야기까지 들립니다.

이러한 변화는 진로의 개념을 바꾸어 놓았습니다. 단순히 직업의 의미를 뛰어넘어서 라이프스타일을 포함한 개념으로 확장되었습니다. 언제 어디서든 무엇인가 선택해야 하는 상황에서 그 기준이 되는 철학과 태도까지 포함하는 개념이 되었습니다. 하나의 직업을 평생 동안 유지하는 사람도 있기는 하지만, 이제는 한 사람이 여러 번 여러 개의 직업을 가지고 일하는 것이 보편화되었습니다. 그만큼 살아가면서 시시각각 변화의 순간들을 맞게 됩니다. 선택 → 변화 → 선택 → 변화의 패러다임이 중요해진 것입니다. 이때 선택과 변화가 동시에 찾아오기도 하고, 선택에 이어진 변화로 또 다른 선택을 해야 하는 상황도 발생합니다.

따라서 엄마가 진로 코칭을 할 때는 진로의 개념을 제대로 정립하고 직업 세계의 변화에 대한 정보를 발 빠르게 획득해야 합니다. 앞으로의 직업 세계에 대해서는 많은 미래학자들이 다양한 추측을 내놓고 있습니다. 벌써부터 원하는 시간에만 일하는 사람들이 점점 많아지고, 프리랜서와 1인 기업가가 급속히 늘어나고 있습니다. 자신의 사무실에서 일하던 시대도 갔습니다. 공유 오피스가 등장해 임대료를 아끼고 더 좋은 환경에서 일할 수 있는 여건이 만들어지고 있기 때문입니다. 과거에는 상상할 수 없었던 것들이 이미 이루어지고 있습니다.

미래 일의 생태계는 어떤 모습일까요? 미래의 일을 표현하는 단어에는 무소속, 프리랜서, 포트폴리오, 프로젝트, 디지털 노마드, 마이크로 기업가, 디지털 네이티브, 프리 에이전트, 스마트워크, 앙트러프러너, IoT, 퍼스널 브랜드, 플랫폼, 네트워크, 아웃소싱, 협업, 빅데이터, 디지털 평판 경제 등이 있습니다. 이중에는 무슨 뜻인지도 모를 정도로 낯선 단어도 있습니다. 미래 일의 형태는 지금까지와는 전혀 다를 것이라고 짐작해 볼 수 있습니다.

미국의 인재 플랫폼인 업워크의 발표에 따르면, 2020년에는 미국 경제 인구의 절반이 프리랜서 형태로 일하게 될 것이며, 그 규모는 470억 달러(52조 원) 가량으로 예측된다고 합니다. 어디 미국만 그럴까요? 이제 우리도 프리랜서로 살아갈 준비를 해야 하는 시대에 접어들었습니다. 지금 당장은 아니더라도 프리랜서로 살아갈 인생 설계도를 다시 그려야 합니다. 내 아이가 어른이 되는 시점에서는 더더욱 그렇게 될 것이니 말입니다.

요즘 디지털 노마드가 유행입니다. 디지털 노마드는 온라인으로 연결된 유목민이라는 뜻으로, 자신이 원하는 시간에 원하는 장소에서 자유롭게 일하는 사람을 말합니다. 실제로 주위를 둘러보면 이렇게 디지털 노마드로 하루 몇 시간만 일하는 사람들이 늘어나고 있습니다. 이런 자유를 누리기 위해서는 자신이 원하는 분야, 자신이 일하는 분야에서 온라인으로 거래할 수 있는 영역과 재능을 갖추어야 합니다. 이것은 곧 스스로 미래를 설계하고, 그때그때 필요한 공부를 할 수 있어야 하며, 발 빠르게 변화할 수 있어야 한다는 뜻이기도 합니다.

이제 우리의 아이들은 다른 방법으로 배워야 합니다. 다른 방법과 관점으로 인생의 전체 설계도를 작성하고, 그에 따라 커리어 전략을 짜야 합니다. 대학 학위보다 전문적 기술이 중요한 시대가 된 만큼, 어떤 기술을 키워야 할지 신중하게 고민해야 합니다. 시장에서 거래할 수 있는 기술의 수명은 10년에서 15년이면 끝난다고 합니다. 물론 그보다 짧은 기술도 많습니다. 그렇다면 현재 가진 기술을 써먹고 나서 그 다음에 사용할 기술을 미리 준비해 놓지 않으면 안 됩니다. 그래서 우리 아이에게는 다양한 포트폴리오가 필요하며, 다양한 인생의 길을 준비해 놓아야 합니다.

프랑스인은 인생을 3기로 구분한다고 합니다. 1기는 학습하는 시기, 2기는 노동하고 경력을 쌓는 시기, 3기는 생활하는 시기입니다. 이 구분에 따르면, 우리의 아이들은 지금 학습의 시기를 거치고 있습니다. 학습의 시기가 지나면 노동과 경력의 시기를 맞을 것입니다. 그런데 이 시기는 변화와 경력 단절, 다시 변화의 시기를 거칠 것입니다. 따라서 2기는 그 자체로 1기부터 3기까지 여러 번 반복해야 합니다. 2기 안에서 다시 학습의 주기를 가진 후 노동과 경력의 시기를 맞이해야 한다는 뜻입니다.

3기는 다양한 사람들이 서로의 역량과 지식을 교환하는 네트워크의 역할이 중요한 시기입니다. 따라서 아이들은 2기를 거치는 동안 교환 가능한 지식과 역량을 축적해야 합니다. 그렇게 해야 나만의 기술력을 가질 수 있고 전문가로서 자신의 위치를 포지셔닝할 수 있습니다.

오늘날 아이들은 분명 이전 세대와 다른 시대를 살아갈 것입니다. 지금까지 해오던 대로 무작정 좋은 대학에만 목숨을 걸다가는 훗날 아이가 어른이 되었을 때 방황할 수밖에 없습니다. 20세기의 대학은 우리를 사회인으로 살아갈 수 있게 해 주는 훌륭한 통로였지만, 이제 더 이상은 그 역할을 하지 못합니다. 엄

마가 더 큰 안목을 가지고 아이의 진로 멘토이자 진로 코치가 돼야 하는 이유입니다.

‘좋은 대학’ 이라는 신화

엄마들을 만나 이야기를 나누거나 진로 특강을 하다 보면, 내 아이가 지금 원하는 직업이 나중에 사라질 수도 있는데 계속 지지해 줘도 될까 걱정하는 경우를 자주 접하게 됩니다. 지금 아이가 원하는 직업이 사라질 수도 있고, 그렇지 않을 수도 있습니다. 미래의 세상이 어떤 모습이 될지 정확히 예측할 수는 없지만, 미래학자들에 따르면 앞으로 사라질 직업이 많은 것은 분명해 보입니다.

미래학자 앨빈 토플러가 한국의 학생들이 미래에 사라질 직업을 위해 열심히 공부한다고 말했던 것처럼 우리 아이들은 그 옛날 부모들이 선호했던 직업에 대한 가치를 대물림받아 아직도 옛것들에 목숨을 걸고 있습니다. 4차산업혁명을 연구하는 많은 학자들이 현재 인기를 누리는 전문 직종 대부분이 일의 형태가 변할 것이라고 예측하는데도 말입니다. 그러고 보면 최근 인기를 끌었던 〈스카이캐슬〉이라는 드라마에서 3대째 의사 가문을 꿈꾸던 할머니는 무척이나 시대착오적인 사고방식을 가졌던 것입니다.

의사는 더 이상 영광스런 직업이 아닙니다. 1990년대에 결혼하려면 열쇠 몇 개씩을 가져가야 했던 '사' 자 붙은 직업들이 벌써부터 쇠퇴의 길로 들어서고 있는 느낌입니다. 먹고살기 힘들어진 변호사가 숱하며 빚에 허덕이는 의사도 많습니다. 4차산업혁명을 연구하는 미래학자들은 의사가 기존 역할에서 벗어나 영업인 역할을 담당하게 될 거라고도 합니다. 그러니 앞으로는 자녀가 의대에 들어가는 것이 자랑거리가 되지 못할 수도 있습니다. 자식이 의대에 들어갔다며 자랑하는 엄마가 여전히 주변에 한두 명씩 꼭 있는데, 이는 현실감만 있고 미래를 전망하는 능력이 결여됐기 때문입니다.

의료계는 로봇에게 자리를 서서히 내주고 있습니다. 2016년

IBM의 AI 의사 '닥터 왓슨'이 가천대 길병원에 고용된 후 현재는 국내 6개 병원에서 활약하고 있습니다. 진료 횟수가 늘어나 임상 데이터가 쌓일수록 닥터 왓슨의 진화 속도도 빨라집니다. 길병원은 유방암, 폐암, 위암, 자궁경부암, 난소암, 전립선암, 결장암, 직장암 등 8개 암 진단에 왓슨을 투입하고 있다고 합니다.

한국은 산업용 로봇 밀도가 가장 높은 나라로 세계 1위입니다. 이는 제조업 강국이기 때문에 나타나는 현상입니다. 앞으로 고급 산업용 로봇 도입에 따라 인건비 절감이 가장 높을 나라가 한국이며, 일자리 세 개 중 한 개는 산업용 로봇이 대체할 것이라고도 합니다. 단지 생산직이나 제조업에서만이 아니라 사무직에서도 기계로 대체되는 현상이 빠르게 나타나고 있습니다. 케이뱅크나 카카오뱅크 같은 인터넷 은행은 대부분의 일이 자동화로 이뤄집니다. 사무직 일자리마저도 이제 기계에 내주기 시작한 것입니다.

그렇다면 어떤 일자리가 가장 위험할까요. 작가이자 미래학자인 마틴 포드는 저서《로봇의 부상》에서 '어느 정도 일상적이고 반복적이며 예측 가능한 수준의 일'이 가장 위험하다고 지적했습니다. 예를 들면, 텔레마케터입니다. 옥스퍼드 대학이 내

놓은 〈고용의 미래〉 보고서에 따르면 앞으로 텔레마케터의 일은 99% 자동화됩니다. 세금 대리인도 마찬가지입니다. 미국 최대 세무 대행 업체인 H&R 블락은 IBM의 슈퍼 컴퓨터 왓슨을 통해 고객의 세무를 대행하고 있습니다. 법조계도 안전하지 않습니다. 딜로이트의 최근 보고서에 따르면, 20년 안에 법조 분야에서 10만 개 이상의 일자리가 자동화됩니다.

예측 가능한 업무 형태의 일자리가 사라지는 반면, 늘어날 것으로 예상되는 일자리도 있습니다. 바로 고도의 판단력과 창의력이 필요한 일자리입니다. 그렇다면 앞으로 어떤 직업을 갖는 것이 유리한지 답이 나옵니다. 〈고용의 미래〉를 연구한 옥스퍼드 대학 마이클 오스본 교수 연구진은 컴퓨터화하기 어려운 세 가지 분야를 선정했습니다. 그것은 지각과 조작, 창의적 지능, 사회적 지능이었습니다. 즉, 독창성, 사회적 민감성, 협상, 설득, 타인을 돕고 돌보기 등은 컴퓨터화하기 어려운 영역입니다. 또 발표 내용에 따르면, 컴퓨터화할 수 있는 확률이 높은 직업일수록 임금이 낮다고 합니다. 즉, 직관력이 요구되고, 단순히 오래한다고 해서 실력이 늘지 않는 분야는 미래에도 유망할 것입니다.

역설적으로 기계화가 진행되는 과정에서 인간의 가치를 잃지 않기 위해 노력할 수밖에 없는 환경이 조성될 것입니다. 요즘 인문학이 다시 뜨고 있는 것도 바로 이 때문입니다. 이제는 돈이 아니라 소멸된 인간의 가치를 다시 부활시키는 것에 사람의 관심이 집중될 것입니다. 그렇다면 인간의 가치를 소중히 여길 수 있는 공부와 직업을 선택하는 것이 현명하다고 할 수 있습니다.

직장이 곧 직업이라는 관념도 깨졌습니다. 급속한 기술 변화에 따라 기업의 수명이 짧아지고 있습니다. 1960년대는 기업의 평균수명이 60년 정도였는데 이제는 20년 정도로 줄어들었습니다. 그에 비해 사람의 수명은 늘어났습니다. 따라서 이제 직장은 일시적으로 머무는 곳, 다음 일을 준비하는 곳으로 변했습니다. 짧게는 2~3년, 길어야 10년 정도 다니다가 자신만의 직업을 만들어 나오는 곳이 된 것입니다.

이제는 꼭 직장에 다녀야만 직업이 있다고 말할 수 있는 것은 아닙니다. 직장에 다니든 다니지 않든, 나만의 기술로 스스로 독립할 수 있다면 직업이 있다고 말할 수 있게 된 것입니다. 진정한 직업은 직장을 떠나서도 유지할 수 있는 것이어야 합니다. 과연 나는 나만의 직업을 만들어 가고 있는지 생각해 봐야 합니다. 직장을 떠나서도 나만의 직업으로 독립할 수 있는지 말입니다. 독립하려면 하나의 기술만 가진 사람보다 다양한 기술을 가진 사람의 경쟁력이 더 높다는 것은 굳이 말할 필요도 없습니다. 예전에는 한 사람이 하나의 직업을 가진 시대였다면, 이제는 한 사람이 여러 개의 직업을 가진 시대가 됐습니다.

이렇게 되려면 평생 학습 개념을 가져야 합니다. 대학에서 배운 전공 하나로 먹고살던 시대는 저물고 있습니다. 앞으로는 꾸준히 공부해서 자기 역량을 개발하지 않으면 살아남을 수 없습니다. 직업을 바꿔 가면서 일하는 환경, 즉 새로운 공부를 하고 그 공부가 새로운 일을 낳고 또 그 일이 새로운 공부로 연결되는 순환적인 환경에서 일해야 한다는 뜻입니다.

좋은 대학만 가면 평생 먹고살 수 있다는 잘못된 신화를 아이들에게 물려주어서는 안 됩니다. 대학은 시작일 뿐입니다. 오히려 그 시작점에서 미래에 대해 어떤 안목을 가지느냐가 중요합니다. 그에 따라 자신이 쌓아 가야 할 커리어가 달라지기 때문입니다. 엄마의 진로 코칭의 대전제는 바로 이 지점에 맞춰져야 하고, 이에 대해 아이와 함께 고민하고 대화하고 탐구해야 합니다.

물론 아이가 앞으로 사라질지도 모를 직업을 원한다고 해서 다른 유망한 직종을 탐구하라고 굳이 이야기할 필요는 없습니다.

사라지는 직업만큼 새롭게 생기는 직업도 기하급수적으로 늘어날 것이기 때문입니다. 사라질 직업에 대해 걱정하기보다는 변화하는 세상에 적응하는 능력이 더 중요하다는 사실을 잊지 말아야 합니다. 엄마는 아이가 그러한 적응력을 갖추도록 도와줘야 하고, 그러기 위해서는 엄마의 사고방식부터 변해야 합니다.

변호사가 되고 싶다던 아이가 있었습니다. 이제 고작 초등학교 2학년이었는데, 변호사가 무슨 일을 하는 직업인지 알고 있었습니다. 피고인이나 피의자 같은 단어의 의미를 알고 있었고, 어려운 처지에 있는 사람을 법적으로 도와주고 싶다는 소신도 밝혔습니다. 그러나 저는 그것이 정말 그 아이의 꿈이었는지, 부모의 주입된 정보로 인한 것이었는지 궁금할 뿐이었습니다. 아이 주변에 변호사가 있는 것도 아니었습니다. 어쩌면 아이는 드라마 〈동네 변호사 조들호〉를 즐겨 보던 엄마 옆에 자주 있었던 것은 아닐까요?

많은 아이들을 만나 진로 수업이나 진로 코칭을 하다 보면 되고 싶은 것이 없다고 말하는 아이보다 자신의 꿈을 당당하게 이야기하는 아이가 의외로 더 많습니다. 그런데 아직 어린 학생들에게 꿈은 주위로부터 영향을 받은 것이 대부분입니다. 어떤 아이는 엄마가 하고 있는 일을 자신도 하고 싶다고 말하고, 자신이 자주 접하는 학교 및 학원 선생님, 텔레비전에서 보고 들은 일을 하고 싶다고 말하는 학생도 있습니다.

아이가 어렸을 때는 무방비로 노출되는 환경과 정보에 의해 자신의 꿈을 정할 수 있습니다. 그것이 내 꿈인지 아닌지 진지하게 성찰하지 못하고 그냥 그렇게 믿은 채 어른이 되기도 합니다. 취업 상담을 하면서 만나는 성인 중에도 어렸을 때부터 가져 왔던 꿈이 내가 진짜 원한 것인지, 기억에도 없이 부모에게 주입된 것인지 모르겠다고 말하는 사람이 많은 것으로 봐서는 자기 주도적으로 꿈을 갖는다는 것이 얼마나 어려운 일인지 알 수 있습니다.

우리는 자신이 가진 꿈을 증명할 수 있어야 합니다. 내 안에 그 꿈을 이룰 만한 증거력이 얼마나 있는지 성찰해야 합니다. 그러려면 자신을 새롭게 발견하는 시간을 가져야 합니다. 이 부

분이 엄마가 아이의 진로를 코칭할 때 특히 놓치지 말아야 하는 지점입니다. 어떤 부모는 빅데이터 분석가가 유망하다고 하니까 매일 빅데이터 분석 노래를 불렀습니다. 정작 아이는 아무 관심도 보이지 않는데도 빅데이터 분석가를 해야 한다고 강조했습니다. 저는 아이가 엄마의 외압을 견뎌내고 자신의 꿈을 잘 찾아가기를 조용히 빌 뿐이었습니다.

엄마가 진로 코칭을 하면서 가장 주의할 점은 직업명을 먼저 꺼내지 말아야 하며 이러저러한 직업이 앞으로는 좋다는 말을 하지 말아야 한다는 것입니다. 일의 미래가 어떻게 변화하고 어떤 성향의 일이 유망하다는 정도의 정보를 줄 수는 있지만 그에 포함된 직업의 명칭을 나열하는 것은 금물입니다. 아이가 어떤 종류의 일을 하고 싶어 하는지, 아이의 꿈이 무엇이고 그 꿈을 어떻게 서술하는지부터 공유해야 합니다.

꿈은 명사가 아니라 동사입니다. 꿈은 우리가 이뤄 나가는 것이지, 하나의 명사로 정의하고 단정 짓는 것이 아닙니다. 그렇기 때문에 꿈은 서술되어야 합니다. '많은 사람을 만나는 일을 하고 싶다', '사람들 앞에서 나의 재주를 뽐내는 사람이 되고 싶다', '내가 가진 지식으로 다른 사람을 돕고 싶다' 등으로 서술되고 설명될 수 있어야 합니다. 그런 후에야 그에 맞는 직업군을 나열해 볼 수 있습니다. 그런 일을 하는 직업에는 어떤 것들이 있는지 아이와 함께 찾아보는 과정을 경험해 봐야 합니다.

다른 사람이 주입한 꿈이 아니라 아이가 능동적으로 참여해서 찾은 꿈이라야 꿈을 이뤄 가는 여정과 그 결실을 즐길 수 있고, 그 과정에서 발생하는 스트레스와 어려움을 극복할 수 있습니다. 남으로부터 온 꿈, 남이 원해서 하는 일은 하지 않을 핑곗거리만 찾게 합니다. 내가 원해서 하는 것이 아니라 남이 원한 것이기에 일 자체를 즐기기보다는 '당신 때문에'라는 생각이 더 크게 다가오기 때문입니다.

'인싸'와 '아싸'가 유행어가 된지 얼마 되지 않았는데, 이제 '마싸(My+Sider)'라는 단어가 등장했습니다. 누군가의 기준보다는 내 기준이 중요하고, 누가 어떻게 생각하든 내 취향을 존중하고 내가 좋으면 그만이라는 뜻입니다. 이런 시대를 살아가는 아이들에게 더 이상 부모가 좋아하는 직업을 강요할 수 없고, 엄마도 이제는 자신의 생각을 주입하려는 노력을 멈춰야 합니다.

엄마와 아이의 사이가 급격히 나빠질 때가 언제일까요?

바로 진로에 대해 서로 다른 생각을 할 때입니다. 강연이나 컨설팅을 하다 보면 자녀의 학업과 진로 문제로 잦은 충돌을 겪고 사이가 급격히 나빠졌다고 말하는 엄마들을 많이 만납니다. 엄마는 사회가 요구하는 사람이 되기를 바라는 반면, 아이는 사회가 바라는 것 따위는 '안물안궁(안 물어봤고 안 궁금한)'인 것입니다. 엄마는 주로 현실을 보고, 아이는 주로 자신의 욕구에 충실합니다. 엄마가 어렸을 때 어른과 세대 차이를 좁힐 수 없어 힘들었던 것처럼 지금의 아이 역시 마찬가지입니다.

1970년대 산업화 시대를 지나 2000년대 초반까지만 해도 부지런히 일해서 타인만큼 성공하는 것이 중요했고, 저마다 그 가치에 따라 아등바등 살아 보려 몸부림쳤습니다. 하지만 지금의 아이들은 그런 삶을 온몸으로 거부하고 있습니다. 이제는 그런 삶이 결코 행복하지 않다는 것을 우리 모두 깨닫고 있습니다. 그러면 어떻게 해야 행복한 삶을 살 수 있을까요?

어렸을 때부터 선택과 집중을 하는 경험을 많이 해 봐야 합니다. 그래서 덜 중요한 것에 시간과 에너지를 낭비하는 대신 자신이 진정으로 행복해하는 것에 관심을 가지는 연습을 하게 해야 합니다. 그 과정에 엄마가 든든한 버팀목이 되어 주기를 바랍니다. 자녀가 인생의 험로를 뒤뚱거리면서 걸을지언정 길을 이탈하여 방황하지 않도록 응원하는 엄마가 되기를 바랍니다.

사회가 존속하려면 사람들이 일을 해야 하고, 사회에서 필요로 하는 일은 모두 숭고합니다. 따라서 무슨 일을 하든 일하는 사람은 존중받아야 하고 당연히 노동에는 정당한 대가가 주어져야 합니다. 더 나아가 우리가 일을 하는 것은 내가 아니라 우리가 중심이 되어 사는 사회를 경험하는 것이며, 그 자체로 중요한 삶의 가치를 배우는 것입니다. 그런데 자기중심적으로 길러진 아이는 타인에 대한 배려나 공감이 부족할 수 있고, 자기가 좋아하는 것을 남이 좋아하지 않을 수 있다는 것을 받아들이기 어려워합니다.

드라마에서 하는 일이 없어도 잘 사는 백수의 모습을 보면, 아이는 백수처럼 편하게 사는 삶을 꿈꾸게 될 것입니다. 그런 사고방식은 노동의 가치를 평가절하하고 노력이 배제된 삶을 추구하게 만듭니다. 심하면 사회인으로 성장하지 못하고 자폐적인 삶만 남게 될 것입니다. 엄마가 아이에게 보여 주는 텔레비전 프로그램을 잘 선별해야 하는 이유입니다.

많이 배우고 경험할수록 만족감도 큽니다. 그렇기에 아이가 지금 배우고 경험하는 모든 것도 결국 아이의 만족감과 직결될 것입니다. 따라서 학교에서 배우는 과목이나 지식이 진학으로 연결되는 것은 물론, 동시에 이것이 진로로 연결된다는 것을 아이에게 가르쳐 주어야 합니다.

엄마의 진로 코칭은 이처럼 배움의 가치를 알려 주는 것부터 시작되어야 합니다. 어쩌면 배움 자체가 진로라고 말할 수도 있습니다. 그런 점에서 학교 교육도 인생의 과정, 즉 진로의 한 과정입니다. 왜 공부를 해야 하는지 묻는 아이에게 이제는 엄마가 좋은 답안지를 보여 줄 수 있을 것입니다.

간혹 가다 아이의 진로를 아이에게 전적으로 맡기고 그것이 아이의 자유를 보장하는 것이라고 믿는 엄마가 있습니다. 그런데 전두엽이 미처 다 발달하지 못한 아이의 선택과 결정은 완전하지 않을 수밖에 없습니다. 선택을 아이에게 맡겼다면 그에 따른 결과 또한 아이가 전적으로 떠맡아야 하는데, 다 자라지 못한 아이에게 모든 책임을 맡기는 것은 너무나 가혹합니다. 그렇다고 선택은 아이가 하고 결과의 책임은 엄마가 지는 것은 더 우스꽝스러운 모양새가 됩니다.

따라서 엄마와 아이가 함께 진로를 탐색하고, 엄마는 그 과정에서 최적의 의사결정을 하는 기술을 가르쳐야 합니다. 그러기 위해서는 엄마부터 다양한 직업에 대해 연구하고 그 직업들이 미래에 어떻게 변할 것인지 끊임없이 탐구해야 합니다. 환경의 변화에 따라 직업을 갈아타는 것이 중요해진 시대입니다. 제때 변화에 따라 가려면 그때그때 적절한 공부가 필요하며, 그런 시각이 일에 대한 자세와 태도에 영향을 미칠 수 있다는 사실을 엄마부터 깨달아야 합니다.

오늘날 아이들은 돈 많이 주는 직업을 원합니다. 많은 학교에서 상담하거나 코칭을 할 때, 특히 특성화고등학교에서 학생들을 상담하면서 깨달은 것은 자신이 들어가는 회사가 무슨 일을 하는지, 비전은 무엇인지, 그 일의 장래성은 충분한지 등을 고려하지 않는 학생이 많다는 사실이었습니다. 당장 연봉을 더 많이 주는 회사에 들어가는 것이 그들이 직업을 선택하는 가장 큰 목표였습니다. 그 앞에서 미래의 발전 가능성이 있는 직장이나 직업에 대해 이야기해 줘도 결국 학생들은 연봉 100~200만 원을 더 받느냐로 직장을 결정했습니다.

아이들은 아직 오지 않은 미래까지 생각하는 것을 귀찮아했고, 다니다가 마음에 안 들면 그만두면 된다는 안일한 사고를 가지고 있었습니다. 그들에게 청춘은 무한한 듯 보였습니다. 자신 앞에 남아 있는 나날이 무궁무진할 거라고 생각하는 듯했습니다. 당장은 취업하는 것이 발등에 떨어진 불이었고, 그 불만 무사히 끄면 된다는 생각이 팽배했습니다. 오랜 시간 동안 자신의 미래를 설계하고 꿈꿔 봤다면 이처럼 나의 인생을 남의 인생처럼 생각하지는 않을 것이고, 더 건설적이고 발전 가능한 직업에 대해 고민하고 연구했을 것입니다.

하지만 아이들이 공부를 왜 해야 하는지 모르는 것처럼 일을 왜 해야 하는지에 대해 모르는 것도 당연합니다. 바로 그렇기 때문에 아이들은 일의 가치에 대해 어린 시절부터 꾸준히 듣고 배우고 경험하며 자라야 하는 것입니다. 일은 사회인으로서 기능할 수 있도록 도와주는 것이기도 하지만, 나의 꿈을 이루는 바탕이 되며 나를 계발하고 성장시키는 수단이기도 합니다. 일을 통해 다른 이들과 더불어 사는 방법을 배우며 더 높은 가치를 창출하기도 합니다. 더 나아가서 일을 하는 것은 한 가정을 책임지는 책임자로서 나의 역할을 충실히 수행하는 것이기도 합니다. 그렇기에 일은 가정의 구성원으로서, 사회인으로서, 한 인간으로서 나의 모든 자아를 돌보는 가치를 지니고 있다는 사실을 아이가 스스로 느끼고 인정하게 해 줘야 합니다.

내 아이가 당장 발등에 떨어진 과제에만 급급한 사람으로 자라지 않게 하려면 아이가 어렸을 때부터 자신이 하는 일의 가치에 대해 가르치고 진로와 직업 선택이 가지는 본질적인 의미를 지도하고 코칭해야 합니다. 일은 돈을 버는 수단이기도 하지만, 인간으로서 자신의 권리를 누리는 수단이기도 합니다. 청년 실업과 여성의 경력 단절이 사회문제화 되고 자신의 생계를 스스로 책임져야 하는 노인이 급증한 현실을 보더라도 일은 단지 의무이기만 한 것이 아니라 권리이기도 하다는 사실을 깨달을 수 있습니다. 일을 하고 싶어도 일자리가 없어 일하지 못하는 사람들에게는 일을 한다는 것 자체가 특정 사람만 누리는 권리로 보일 수 있습니다.

자신의 가치를 고려하지 않고 외적 조건만을 보고 직업을 선택하면 결코 그 직업에서 만족감을 얻을 수 없습니다. 더 나아가 한 곳에 안주하지 못한 채 수시로 돌아다니는 삶을 살게 될 수도 있습니다. 만약 '아이들이 살기 좋은 나라를 만드는 것'이라는 가치가 우선되었다면, 거기에 포함되는 직업은 수십, 수백 가지가 될 수 있고, 하나의 직업에 이어 다른 직업을 이어 가기도 쉬울 것입니다. 하지만 그런 가치가 생략된 채 적게 일하고 돈은 많이 버는 직업처럼 외재적 조건에 방점을 찍으면 아이는 그냥 돈 버는 기계로 자랄 뿐입니다.

초등학교 시절은 태도와 가치관을 형성하는 중요한 시기입니다. 진로 코칭에서도 이 시기의 특징을 중요하게 고려해서 일에 대한 적극적 태도와 가치관을 기르는 데 집중해야 합니다. 인생에서 성공은 책만 읽고 시험만 잘 보면 저절로 이루어지는 것이 아닙니다. 나름대로 자신의 계획을 세우고, 과학적인 자료 위에서 합리적인 의사결정 과정을 거치고, 깊이 사색할 때 인생의 성공도 따라옵니다.

일을 마지못해 하는 어른이 아니라 일을 통해 자신을 발견하는 어른으로 자라게 하는 것이 모든 엄마의 소망일 것입니다. 그러려면 엄마가 먼저 진학에 진로를 덧입힐 수 있어야 합니다. 그래야 아이도 인생의 방향을 잡아 줄 인생관과 직업관을 기를 수 있습니다.

미래의 불안에 대처하는 법

인공지능과 경쟁하기 위해서 어떤 역량이 필요한지에 대한 관심이 높습니다. 어떤 사람은 창의력이라 말하고, 또 어떤 사람은 문제 해결력이라 말하기도 합니다.

두 개의 인공지능끼리 대화를 하게 한 실험이 있습니다. 처음에는 미리 입력해 놓은 대화를 나누게 했는데, 어느 순간 인간이 알아들을 수 없는 언어로 이야기를 나누는 것을 보고 두려워서 당장 그 실험을 멈췄습니다. 이는 곧 인공지능의 창의력이 인간의 기대를 훨씬 뛰어넘었다는 것을 보여 줍니다. 이세돌과 알파고의 바둑 대결에서 보았던 것처럼, 인공지능의 문제 해결력 또

한 인간의 그것을 뛰어넘었습니다.

그런가 하면, 4차산업혁명을 연구하는 전문가 중에 인공지능이 결코 정복하지 못하는 것은 인간의 신체라고 말하는 사람도 있습니다. 인간의 신체 구조야말로 로봇이든 인공지능이든 결코 따라 올 수 없는 영역이고, 따라서 건강을 인간의 가장 중요한 능력이자 요건으로 뽑은 것입니다. 또 앞으로는 구직 활동을 위한 면접에서 구직자의 답변이 얼마나 정직한지를 인공지능이 모두 알아낼 것이므로 한 개인이 얼마나 정직한가가 그 사람이 일자리를 가질 수 있느냐 없느냐를 판가름할 것이라고도 했습니다.

이제 인공지능은 창의력과 문제 해결력을 점령했고 공감 능력까지 거의 갖추었다고 합니다. 결코 침범할 수 없을 것 같던 영역까지 점령해 가고 있습니다. 그렇다면 우리는 인공지능과의 경쟁에서 질 수밖에 없고, 그래서 할 수 있는 일이 아무 것도 없게 될까요? 그 누구도 미래를 정확하게 예측할 수는 없습니다. 지금 예측하는 것처럼 흘러갈 수도 있고, 아닐 수도 있습니다.

따라서 우리가 할 수 있는 것은 미래를 정확하게 예측하여 그에 맞는 인재를 길러 내는 것이 아니라 지금 아이가 가진 역량을 최대한 끌어올리고 계발시켜 주는 것입니다. 아무도 미래를 단정할 수 없을 뿐만 아니라, 미래를 정확히 정의한다고 해서 인간의 불안감이 깨끗이 사라지는 것도 아니고, 다가올 미래에 대해 모든 것을 완벽히 준비해서 방어하는 것도 현실적으로 불가능하기 때문입니다. 아이의 모자란 점을 채워 주고 적응력을 길러 주는 것이 부모가 할 수 있는 최선입니다.

그 옛날 부모는 자식에게 참 엄격했습니다. 권위주의에 찌든 사회적 분위기 때문에 그랬을 수도 있지만, 동양의 부모들이 엄격했던 것은 험한 세상으로 나가기 전에 부모가 먼저 겪게 해 주기 위해서이기도 했습니다. 사회에 나가 맞닥칠 고난과 역경을 이겨낼 수 있는 힘을 부모의 엄격함을 통해 길러 주려는 것이었습니다. 이와 비슷한 것이 심리학에서 말하는 탄력성입니다.

사람은 보호 요인과 위험 요인을 함께 가지고 태어납니다. 좋은 부모, 좋은 외모, 강한 체력 등 삶을 유리하게 하는 성공 요인도 있고, 반대로 그렇지 못한 위험 인자도 있습니다. 탄력성이란 자신에게 주어진 이런 조건들과는 상관없이 자신의 길을 갈 수 있고 재능을 발휘할 수 있는 능력을 말합니다. 특히 타고난 위험 요인에 대한 대처 방안이 차곡차곡 쌓였을 때 탄력적인 사람이 될 수 있습니다.

즉, 한 치의 오차도 없이 주어진 과업을 수행하고 실수하지 않는 아이로 자라도록 하는 것이 중요한 것이 아니라, 적당한 실패와 좌절을 경험하게 해서 강한 내성을 가진 아이로 자라게 하는 것이 더 중요합니다. 그래야지만 아이는 더 단단해지고, 나아가 심각한 삶의 도전도 꿋꿋이 이겨내고 다시 일어설 수 있게 됩니다. 늘 1등을 하던 학생이 삶의 위기에 봉착하거나 혹은 남의 밑에서 일해야 한다는 사실을 인지했을 때, 더 절망감을 느끼며 잘못된 선택을 하는 경우는 허다합니다. 물론 아이가 공부를 잘 해서 항상 1등을 하는 것은 좋은 일이지만, 그 과정에서 실수와 실패가 용납되지 않는다면 자신에 대한 긍정적인 자아상을 결코 가질 수 없습니다.

하나가 실패하면 인생이 실패한 것처럼 좌절하는 학생이 많습니다. 아직 앞날에 무수히 많은 시간이 남았고 다시 해 볼 수 있는 기회가 많은데도 다시 도전할 엄두를 내지 못하는 것입니다. 한 가지 과업의 실패가 인생 전체의 실패가 아니라는 사실을 배우지 못했기 때문입니다. 성공한 모델 대부분이 수많은 실패를 거듭한 끝에 하나의 성공을 이뤄냈고, 훌륭한 예술작품과 창작물, 발명품은 실패의 결정체라는 것을 아이들에게 가르쳐줘야 합니다.

부모가 먼저 아이의 실수와 실패를 용납할 수 있어야 아이도 자신을 용납할 수 있습니다. 다시 하면 된다고, 괜찮다고 희망과 용기와 수용의 자세를 보여 줘야 아이도 그런 자세를 배울 수 있습니다. 탄력성을 갖춘 아이는 자신에 대해 건강한 자아상을 가지게 되고 있는 그대로의 자신을 수용할 수 있습니다. 자기수용이 이뤄진 아이는 자신의 내면에 귀를 기울일 줄 알고, 자신이 진정으로 무엇을 원하는지 알면서 지속적으로 성장할 수 있습니다. 또한 자기 주도적이고 자율적으로 과업을 수행할 수 있고, 환경이 어떻게 변해도 적응할 수 있습니다. 더 나아가 인간의 불안전함을 이해함으로써 다른 사람을 이해하게 되고 긍정적 관계를 맺게 됩니다.

그런데 탄력성을 키우겠다고 일부러 위험한 환경에 아이를 노출시키고 애써 실패와 좌절을 경험하게 할 필요는 없습니다. 잘못하면 자기 효능감이 바닥까지 떨어질 수 있습니다. 그보다는 엄마의 권위를 지키면서도 따뜻한 훈육을 해야 합니다. 과업의 성공과 실패에 대한 적당한 보상과 벌을 주는 것입니다. 아이가 원하는 것을 무조건 바로 들어주어서도 안 되고, 들어주는 것 하나 없어서도 안 됩니다. 엄마가 이러한 균형 감각을 상실하면 아이도 길을 잃게 됩니다. 남편과 연애할 때처럼 아이와도 적당히 밀당하는 기술을 익혀야 합니다.

미래는 겪어 보지 않았으니 두려운 것이 당연합니다. 그런데도 새로운 미래가 도래하여 나는 할 줄 아는 것이 없다고 지레 포기하는 사람이 있는가 하면, 적응적이고 도전적인 자세로 나아가는 사람도 있습니다. 그것은 분명 다른 환경에서 다른 양육 방식으로 커 왔기 때문입니다. 미래를 정확히 분석하고 예측해서 대비하는 엄마의 능력이 있으면 좋겠지만, 탄력적인 아이는 엄마의 그런 능력이 없어도 어떤 상황에서든 좌절하지 않고 적응할 것입니다.

아이가 어렸을 때는 여기저기 적극적으로 데려가 세상을 알게 해 주려 애쓰던 엄마가 막상 아이가 초등학생이 되면 이제 공부를 할 시기라며 세상은 나중에 알아도 된다고 말합니다. 사실은 아이가 이제부터 더 많은 세상을 알아야 하는데도 말입니다. 아이들은 초등학교 이전에 경험한 세상은 별로 기억에 남지 않고 크게 도움이 되지도 않습니다. 오히려 초등학생이 되어 학교라는 작은 사회를 경험하면서 더 많은 체험을 하고 겪고 느끼게 해 줘야 합니다. 여행도 많이 다니고 사람도 많이 만나야 합니다. 그런 체험이 풍부할수록 아이가 더 큰 세상을 경험하는 것은 너무도 당연합니다.

하지만 실상은 정반대로 갑니다. 어려서는 실컷 놀러 다니던 아이들이 초등학생이 되자마자 학교와 학원에 묶여 버려 세상을 체험할 기회가 사라집니다. 중학생 이상은 말할 것도 없습니다. 이제 세상을 체험하고 경험을 넓히는 일은 어른이 된 이후의 과업으로 넘겨지고 맙니다. 그렇게 자라 대학생이 된 아이들은 혼자서 수강 신청도 하지 못하는 사람이 되고, 심지어 사회공포증을 겪는 사회인으로 자라기도 합니다.

엄마는 아이의 체험 동반자가 되어야 합니다. 이제는 공부 잘하고 똑똑한 사람이 아니라 경험이 많은 사람이 이기는 세상입니다. 자라는 동안 지혜를 배우고 직접 행동하고 실천하며 땀 흘리는 경험을 많이 하게 해 줘야 합니다.

진로와 직업의 세계도 마찬가지입니다. 얼핏 봐서는 학벌 좋고 어학 실력이 높고 자격증이 많은 사람이 취업이 잘 되고 직장에서 성공하는 것처럼 보이지만, 실제로 직업 세계에서 성공하는 사람은 그런 사람이 아닙니다. 더구나 요즘은 모두가 스펙 쌓기에 열중한 나머지 점점 고스펙으로 평준화되어 있으니 더 그렇습니다. 그 극심한 경쟁을 뚫고 성공하는 사람은 대부분 자

기가 좋아하는 일을 선택하거나 자기가 선택한 일을 좋아하는 사람입니다. 그리고 여기에 자신만의 특별한 경험과 스토리를 더한 사람입니다.

어떤 일을 즐긴다는 것은 기꺼이 도전하게 하는 에너지의 근원이 됩니다. 하지만 좋아하고 즐기는 진로를 찾기란 그리 쉬운 일이 아닙니다. 특히 아이들은 미디어의 영향을 크게 받기 때문에 잘못된 정보에 노출될 위험성이 큽니다. 그러면 어떻게 진로를 선택해야 현명한 것일까요? 바로 스스로 시도하고 겪는 다양한 경험에서 비롯된 진로 선택입니다. 이를 위해서라도 엄마는 아이가 다양한 경험과 모험을 할 수 있도록 체험 동반자가 되어야 하는 것입니다.

미국에서는 학생들이 대학에 들어갈 때 에세이를 씁니다. 제 아무리 스펙이 뛰어나고 봉사 활동을 많이 했어도 천편일률적이고 형식적인 에세이를 쓴 학생은 불합격합니다. 반면 자신만의 철학과 스토리를 담아낸 학생은 다소 스펙이 떨어져도 여러 곳의 명문대학교에 합격하는 일이 자주 있습니다. 한 개인의 스토리는 돈을 주고 살 수 없는 것으로 인정하고 그가 겪은 경험의 가치를 인정해 주기 때문입니다.

누군가를 감동시키는 힘은 그가 가진 스토리이지 결코 스펙이 아닙니다. 그가 어떤 역경을 겪고 그것을 극복했는지, 어떻게 원하던 바를 이루었는지 등 한 개인의 이야기에 상당한 액수를 지불하는 것이 미국이기도 합니다. 유명한 강연가는 회당 강연료가 수천만, 수억 원을 우습게 넘습니다. 그 정도로 다른 사람의 경험에서 교훈을 얻는 것에 미국인은 상당한 가치를 부여합니다. 우리나라에서도 머지않아 이런 강연가의 활동이 두드러지고 누군가의 경험에 그만한 대가를 지불할 날이 올 것입니다.

사진에 미친 한 학생이 있었습니다. 사진 찍는 것을 너무나 좋아해서 초등학생 시절부터 사진을 찍으러 다녔습니다. 부모님은 아이의 취미를 지지해 주고자 멋지게 사진을 찍을 수 있는 고가의 카메라를 선물해 줬습니다. 중학생이 되어서도 사진을 찍으러 다녔습니다. 특히 비행기 사진을 찍는 것을 좋아해 공부는 접어 두고 공항에서 밤을 새는 일이 허다했습니다. 낮이고 밤이고 열정을 다해 자신이 원하는 사진을 찍는 데 몰두했습니다. 이것이 자신만의 스토리와 포트폴리오가 되었고 일본 유수의 대학에 입학했습니다.

아마도 이 학생이 그냥 대한민국에 있었다면 그 자체로 실패한 인생으로 취급당했을 것입니다. 대학에 가지 못했을 뿐만 아니라 꿈을 계속 이어나갈 수 없었을 것이고, 어쩌면 사회의 낙오자가 됐을지도 모릅니다. 그러나 다행히도 사진을 열심히 찍은 것만으로도 해외의 유수 대학에 갈 수 있다는 정보를 부모가 먼저 획득했고, 그러한 집념 하나만으로도 자기 학교에서 공부할 수 있는 기회를 허락해 준 해외의 대학이 있었던 것입니다.

가까운 나라이고 같은 동양권인 일본조차도 시험 성적이 아닌 학생의 스토리에 집중하는 모습입니다. 노력의 가치를 성적에만 두지 않고 무엇인가 강렬히 추구하는 열정에 두는 것, 이것이야말로 아이의 다양성을 존중하는 자세일 것입니다. 세상에는 공부를 잘 하는 학생도 있어야 하고, 다른 것에 열중하고 미칠 줄 아는 학생도 있어야 하니까 말입니다. 획일화되고 정형화된 학생을 양산해 내느라 지친 대한민국에서도 곧 이러한 바람이 불기를 기대해 봅니다.

특별한 스토리만으로도 대학에 진학할 수 있고, 더 넓은 세상에서 꿈을 펼칠 기회도 얼마든지 찾을 수 있습니다. 그러려면 자신의 스토리에 감동을 더하는 경험을 해야 하고, 이것을 다른 사람에게 전달하는 노력도 해야 합니다. 모든 경험과 감동은 그냥 놔두면 잊히기 마련입니다. 무엇을 경험하든 기억에

저장하지 않으면 의미 없는 체험으로 끝나고 맙니다. 따라서 아이가 어렸을 때부터 자신의 스토리를 기록하는 습관을 갖게 하는 것이 중요합니다. 기록된 것은 역사가 되고, 역사가 된 것은 기억이 되고 자산이 됩니다.

기록하는 방법은 일기도 좋고 에세이도 좋습니다. 읽은 책을 중심으로 독서 일기를 쓰는 것도 좋고, 여행한 곳에 대한 느낌과 생각을 담은 체험 일기도 좋습니다. 이것들은 모두 자신만의 스토리를 만드는 과정이며, 이 책의 3장에서 소개할 진로 스토리의 근간이 됩니다.

자신의 스토리에 집중하라고 해서 스펙을 쌓느라 열중하는 청년들의 노력이 무가치하다고 이야기하는 것은 결코 아닙니다. 그들이 스펙을 쌓느라 시간과 에너지를 쏟는 것은 이 시대에서 살아남기 위해 최선을 다하는 것입니다. 살아남기 위해 노력하는 그들에게 뜨거운 응원과 박수를 보내야 합니다. 다만, 앞으로의 시대는 스펙을 쌓느라 아까운 청춘을 보내지 않아도 되기를 바랍니다. 그리고 내 아이가 자유롭게 자신의 꿈을 펼칠 수 있는 세상이 되기를 소망해 봅니다. 아이들의 세대에는 낭만이 넘칠 수 있도록 말입니다.

천상천하 유아독존은 없다

가끔 아이가 친구를 잘 사귀지 못하고 내성적이라며 사회성이 떨어져서 걱정이라고 말하는 엄마가 있습니다. 하지만 이것은 사교성이지 사회성이 아닙니다. 사회성은 훨씬 더 포괄적입니다. 사회가 요구하는 도덕과 규범, 질서의식, 윤리를 얼마나 갖추었는지, 타인을 공감하는 능력이 어느 정도인지, 공동체에서 필요로 하는 기술이나 생활방식을 얼마나 습득할 수 있는지 등의 개념을 포괄합니다.

인간은 사회적 동물이기에 반드시 '사회적으로' 살아가야 합니다. 학교에서 진행하는 진로 활동도 대부분 이러한 공동체적인 과업으로 이루어져 있습니다. 작은 사회를 경험함으로써 미리 공동체 정신을 체험하는 것이 그 목적입니다. 즉, 개인의 역량 자체보다는 공동체에서 개인이 담당한 몫을 배우고 개인들의 협력과 협동이 얼마나 중요한지 배우는 것이 일차적인 목적인 것입니다.

그 누구도 혼자서 일할 수 있는 사람은 없습니다. 아무리 혼자서 일하는 직업이라고 해도 일을 온전히 혼자 하는 경우는 절대 없습니다. 작가는 혼자서 글만 잘 쓰면 된다고 생각하지만, 한 권의 책이 완성되기 위해서는 수많은 사람의 상호 협력이 있어야 합니다. 우선 아무리 잘 쓴 원고라도 편집자의 눈에 들지 않으면 책으로 만들어질 수 없고, 아무리 잘 만든 책이라도 마케터의 노력 없이는 잘 팔릴 수가 없습니다. 혼자 힘으로 강연을 하는 사람도 마찬가지입니다. 아무리 훌륭한 언변을 가지고 있어도 그를 눈여겨보고 무대에 세워 줄 기획자가 없다면 강연가가 될 수 없고, 그 강연을 들으러 오는 대중이 없다면 강연은 무산될 수밖에 없습니다.

1인 프리랜서로 활동하는 다양한 분야의 전문가들도 마찬가지입니다. 제 아무리 혼자서 일하는 시간이 많은 프리랜서라고 하더라도 반드시 클라이언트와 협력해야 하고 여러 사람과 합심해야 결과물이 완성됩니다. 일감이나 프로젝트를 소개받으려면 프리랜서들의 네트워크를 구축하는 것도 중요합니다. 이 과정에서 원활한 의사소통 능력은 필수이고, 상대방에 대한 예의와 매너, 협동정신과 인내심, 공감과 조율 능력이 필요합니다. 사람들과 적당히 거리를 두면서도 일을 무난하게 처리하고, 그 과정에서 돌출되는 갈등과 불협화음을 이겨 내야 하며, 건강한 규율과 질서를 유지할 수도 있어야 합니다. 이는 모두 사회인으로서 갖추어야 할 능력들입니다.

만약, 내 아이가 지나치게 내성적이거나 사람들과 부딪치는 것을 싫어한다면 어떻게 해야 할까요? 아이의 성향을 인정하고 그에 맞는 직업을 추천해야 할까요? 하지만 그보다는 오히려 사회성을 길러 주는 훈련이 먼저입니다. 조직에 속하든 속하지 않든, 어떤 경우에도 혼자서 할 수 있는 일은 없습니다. 사회의 특성 자체가 바로 그런 것이기 때문입니다.

일본에는 스스로를 고립시키는 사람이 늘어나고 있습니다. 사회화 과정이 너무나 귀찮고 힘들다는 이유로 혼자 사는 삶을 선택하는 사람들입니다. 이들은 당연히 일상생활 자체를 긍정적으로 할 수 없습니다. 친구를 사귈 수도 없으며 결혼도 일도 할 수 없습니다. 일을 할 수 없으니 부모에게 얹혀서 기생할 수밖에 없습니다.

왜 이런 현상이 일어날까요? 일본도 우리만큼 경쟁이 심합니다. 일본의 아이들은 이지매가 일상인 학교생활을 하고 이웃이 어떤 일을 당해도 거들떠보지 않는 부모와 어른들을 지켜보며 자랍니다. 그런 환경에서 얼마나 사회적인 어른으로 성장할 수 있을까요? 기본적인 사회적 관계도 맺고 싶어 하지 않고 생계를 위한 일마저 하지 않고 철저히 홀로 있기를 선택한 삶을 과연 인간적이라고 할 수 있을까요?

대한민국은 그런 일본을 지나치게 잘 따라가고 있습니다. 인구절벽은 이미 따라잡았고, 학교에서 왕따를 하는 것도 일본의 이지매 저리 가라이고, 이제는 고립된 삶을 자처하는 사람들마저 급속히 늘고 있습니다. 결혼을 포기하고 취업을 포기하고 사람들과 교류하기를 포기하고 혼자 놀기를 선택하는 것이 유행처럼 번지고 있습니다.

이 현상을 어떻게 치유할 수 있을까요? 지금이라도 아이에게 학교가 단순히 공부하고 경쟁하는 곳이 아니라 함께 사는 법

을 배우고 서로가 서로에게 의미 있는 존재라는 사실을 깨닫고 공동체의 구성원으로서 역할을 배우는 곳이라고 가르쳐야 합니다. 경쟁만 한 아이는 사회 또한 그러한 곳이라고 생각할 것입니다. 따라서 우리 부모와 교사는 아이들의 사회성을 기르는 데 최우선 중점을 두어야 합니다.

사회성은 기본적으로 공동체에서 내가 즐겁고 기쁠 때 자연스럽게 길러집니다. 사람들과 함께하는 것에 대한 가치를 알아야 가능한 것입니다. 내가 너에게 도움이 되고, 네가 나에게 도움이 될 수 있다고 생각할 수 있어야 합니다. 어린 시절부터 이 개념을 체험으로 몸에 배게 한다면 아이는 어느 누구를 만나도 즐겁게 일할 수 있습니다. 누구보다도 자신감 넘치며 자신이 좋아하는 것을 당당히 말할 수 있는 어른이 될 수 있을 것입니다.

"사랑과 일, 일과 사랑 그것에 인생의 모든 것이 있다."

정신분석학의 아버지라 불리는 지그문트 프로이트는 일과 사랑이 우리가 살아가는 인생에서 가장 중요한 두 가지 가치라고 말했습니다.

사람들은 흔히 일이 중요하면 사랑을 포기해야 하고, 사랑에 빠지면 일이 뒷전으로 밀린다고 생각합니다. 일과 사랑은 함께 할 수 없어서 둘 중에 하나를 선택해야만 한다고 생각하는 것입니다. 하지만 프로이트가 말한 것처럼 일과 사랑은 둘 중 하나를 선택해야 하는 것이 아니라 둘 모두를 함께 갖추었을 때 비로소 인간으로서 자유를 누리고 자신의 존재 가치를 온전히 지킬 수 있게 되는 것입니다.

내 아이가 과연 제대로 자라 인간 구실이나 할 수 있을지 의구심이 들 때가 있습니다. 그러면서도 아이에 대한 희망의 끈을 놓지 않고 오늘도 고군분투하는 엄마들이 많습니다. 아이가 좋은 직업을 가져 남들 앞에 당당한 사람이 되기를 바라고 좋은 배필을 만나 행복한 가정을 꾸리기를 원하는 것은 자녀를 가진 부모라면 누구나 가지는 욕심이자 소망입니다.

그런데 자녀가 일을 하느라 결혼을 포기한다거나 결혼을 했으니 자신의 일을 포기해야 한다고 하면 부모 마음은 어떨까요? 마음 한 켠이 무너져 내릴 것입니다. 그래서 일과 사랑은 둘 중 하나를 선택하는 것이 아니라 충분히 양립할 수 있고 오히려 그래야 한다는 것을 아이가 어렸을 때부터 잘 가르쳐야 합니다. 그래야만 사회인으로서, 인간으로서의 삶을 온전히 누릴 수 있습니다. 진로 코칭을 할 때도 항상 사랑과 일의 통합을 중점에 두어야 합니다.

일을 하는 것과 사랑을 하는 것은 홀로서기와 함께 살기의 다른 이름입니다. 혼자서도 자신의 일을 할 수 있어야 하고 다른 사람과 협력해서도 일을 할 수 있어야 합니다. 그것이 조직에서 적응하는 방법입니다. 사랑을 할 때도 마찬가지입니다. 사랑 안에서 홀로 설 수 있어야 하며 서로에게 기댈 수도 있어야 합니다. 이것 또한 사랑에서 적응하는 방법입니다.

자신의 꿈을 발견한 사람은 상대의 꿈도 기꺼이 응원합니다. 자신의 일에 적극적인 사람은 상대와의 사랑에도 적극적입니다. 일 때문에 사랑하는 사람에게 신경 쓸 겨를이 없다고 하는 사람은 사랑에 대한 두려움이 있거나 사랑이 식었을 뿐입니다. 또는 사랑과 일의 가치가 사실상 인생의 전부라는 것을 배우지 못했기 때문입니다. 어린 시절부터 사랑과 일의 가치를 잘 배운 사람은 어느 하나를 선택해야 한다는 압박감이나 부담감 없이 둘 모두를 잘 수행하는 어른으로 자라게 될 것입니다.

1990년대에 〈이상한 나라의 폴〉이라는 만화가 인기였습니다. 폴은 항상 미지의 블랙홀로 빨려 들어갔는데, 그 장면에서 폴은 흐느적거리며 물결치는 듯한 모습으로 다른 세계로 이동하곤 했습니다. 그때 함께 흐르던 음악을 듣고 있노라면 보는 사람마저도 알 수 없는 곳으로 끌려들어가는 느낌이 들었습니다. 낯선 세계로 들어간 폴은 이상한 경험과 모험을 했습니다.

자신의 의지와 상관없이 시공간을 이동한 폴은 그 상황이 마냥 좋기만 했을까요? 내 아이가 세상으로 나가는 것은 이 이상한 나라의 폴이 경험하는 것과 똑같습니다. 아이들 앞에 펼쳐진 세상은 블랙홀이자 미지의 세계입니다. 이러한 세상에서 잘 버티려면 힘이 필요한데, 그 힘은 바로 일과 사랑에서 나옵니다.

하지만 진로 코칭을 할 때 일과 사랑의 가치를 제대로 가르치는 것은 쉬운 일이 아닙니다. 아이는 엄마에게 무엇을 하고 싶은지 은연중에 행동으로 보여 줍니다. 하지만 엄마는 알아채지 못하거나, 설사 알아챘더라도 엄마 마음이 들지 않아 모른 척하기도 합니다. 그 상태에서는 아이에게 혼란만 줄 뿐입니다. 그럴 때는 본질적인 문제로 돌아가야 합니다. 무엇이 진정한 사랑일까요? 무엇이 진정한 일일까요? 바로 자신이 마음으로 좋아하는 것을 하는 것입니다. 그것이 사랑이자 일입니다. 자신의 일에 흥미를 가지게 하고 그 일을 오래 하게 하려면 가장 먼저 아이가 좋아하는 것을 찾아야 합니다.

의무감으로 누군가를 사랑할 수 없는 것처럼 의무감으로 일을 선택해서도 안 됩니다. 그렇다면 그것은 세상에서 제일 힘든 일이 될 것입니다. 아이가 어떤 일에 흥미와 재미를 느끼는

지 엄마에게 표현할 수 있도록 허락해야 합니다. 나의 내면에 귀를 기울일 줄 아는 사람은 다른 사람의 말도 경청할 수 있게 됩니다. 자기 일을 충분히 잘 소화할 수 있는 역량을 갖춘 사람은 자신이 이미 좋은 배우자가 되어 있을 것이고, 더 나아가 좋은 배우자도 만날 수 있을 것입니다.

사람은 누구나 사랑과 일, 일과 사랑에서 '나다움'을 발견합니다. 그 두 가지에서 내게 주어진 내적인 힘을 가장 잘 발휘할 수 있기 때문입니다. 진로 코칭은 바로 그 일과 사랑의 가치를 가르치는 과정 그 자체입니다. 이 과정을 충실히 소화한다면, 먼 훗날 아이의 행복한 모습을 보게 될 확률도 더 높아질 것입니다.

엄마표 진로 코칭 Check Point!

- ○_ 한 직장에서 평생 일하는 시대는 갔다. 그리고 한 직업으로 평생 사는 시대도 갔다. 앞으로는 상황에 따라 수시로 직업을 바꿔 가며 살아야 한다.
- ○_ 아이에게 '좋은 대학'이라는 미신을 심어 주지 말자. 좋은 대학보다 더 중요한 것은 계속 새롭게 공부하는 것이다. 어차피 한 번 받은 교육으로 평생 살 수 없다.
- ○_ 엄마와 아이는 완전히 다른 시대를 살고 있다. 엄마의 '기억'으로 아이의 '꿈'을 재단하지 말자.
- ○_ 꿈은 월급으로 환산할 수 없다. 진로 코칭은 연봉이라는 눈앞의 작은 이익이 아니라 10년, 20년 더 멀리 보고 이뤄져야 한다.
- ○_ 불안한 미래에 대처하는 유일한 방법은 한 번 실패해도 다시 시작할 수 있는 탄력성을 기르는 것이다.
- ○_ 감동이 있는 스토리가 고스펙을 이긴다. 스펙은 책상에서 만들지만, 스토리는 다양한 현장에서 다양한 경험을 통해 만들어진다.
- ○_ 경쟁의식을 지나치게 강조하면 외톨이가 된다. 협력이 필수인 일의 세계에서 살아가려면 어려서부터 다름과 공존의 가치를 가르쳐야 한다.
- ○_ 인생은 일과 사랑이 전부다. 일을 잘하는 사람은 사랑도 잘하고, 사랑을 잘하는 사람은 일도 잘한다.

· 엄마표 진로 코칭 2 ·

왜 꼭 엄마까지 나서야 할까?

엄마의 말은 잔소리다

MC들이 지나가는 시민들에게 퀴즈를 내서 맞히면 그 자리에서 바로 상금 100만 원을 주는 예능 프로그램이 있었습니다. MC가 한 초등학생에게 잔소리와 충고가 어떻게 다른지 물었을 때 초등학생의 명쾌한 답변에 MC가 박장대소하면서 웃었습니다.

"잔소리는 기분 나쁜데, 조언은 더 기분 나빠요."

이렇듯 초등학생에게도 조언이나 충고를 듣는 것은 잔소리를 듣는 것보다 더 기분 나쁜 경험인가 봅니다. 그런데 사람들은 자신도 모르는 사이에 조언이나 충고를 가장해서 자기 충족적인 욕구를 드러내는 말을 많이 합니다. 특히 우리 엄마들의 언어는 대부분 잔소리에 최적화되어 있습니다. 하루만 녹음해서 들어 보면 엄마의 말이 잔소리에서 시작해 잔소리로 끝난다는 것을 쉽게 알 수 있습니다. 그런데 이 잔소리보다도 더 기분 나쁜 것이 충고나 조언이라고 하니, 아이의 하루는 그야말로 기분 나쁜 것들로 가득 차 있는 것은 아닌지 걱정입니다.

충고를 멈추고 우선 들어야 합니다. 가끔 상담을 배우러 오는 사람들 중에도 자꾸만 내담자에게 솔루션을 제시하려고 한다든지 충고나 조언을 하려는 사람이 있습니다. 상담사는 상담과 심리 전문가일 뿐이지, 인생 전체의 전문가는 아닙니다. 그렇기에 상담사의 판단이 무수한 경우의 수가 얽히고설킨 개인에게 전적으로 적용되는 정답이 될 수는 없습니다.

학생 중에도 엄마와 진로에 대해 이야기를 하다 보면 모든 대화가 잔소리로 끝나 버린다고 하소연하는 경우가 많습니다. 그런 학생은 결국 자신의 진로에 대해 엄마에게 털어 놓지 않게 됩니다. 실제로 현장에서 만난 학생 중에도 자신의 생각만을 주장하는 엄마 때문에 더 이상 진로에 대해서는 이야기를 꺼내지 않겠다고 말하는 학생이 많았습니다.

잔소리까지는 아니더라도 자꾸만 아이를 설득하려는 엄마들도 많은데, 이 또한 마찬가지입니다. 엄마가 원하는 대로 변할 것을 요구하기만 하면 아이는 엄마와 말이 통하지 않는다고 생각하게 되고, 말이 잘 통하는 친구들과만 자신의 진로에 대해 소통하기 시작합니다. 아직 성숙하지 못한 친구들끼리 나누는 정보나 미디어에서 접한 정보만으로 내 아이가 진로를 정하게 나둘 수도 없고, 그렇다고 아이와 끝도 없는 싸움을 지속한다면 아이와 엄마 모두가 패자가 될 수밖에 없습니다.

아이와 진로에 대해 이야기하는 것이 부자연스럽다면, 평소 잔소리를 많이 하거나 매사에 지적을 일삼는 비판형의 엄마가 아닌지 살펴봐야 합니다. 진로 코칭을 할 때는 지도자가 아니라 조력자가 돼야 합니다. 이것이 코칭의 기본입니다. 한 엄마에게서 태어난 아이도 제각각 재능과 기질과 성격이 다 다릅니다. 그렇기에 아이들마다 특별한 기질과 특성에 맞춘 코칭이어야지, 단순한 지식이나 '답정너'에 근거해 결론을 강요하는 차원의 코칭이서는 안 됩니다.

엄마의 진로 코칭에서 가장 주의할 점은 조언과 충고는 배제해야 한다는 것입니다. 코칭을 하려면 코칭이 무엇인지부터 알아야 하는데, 코칭이란 상대가 답을 스스로 찾아갈 수 있

게끔 적절한 질문을 던지고 문제제기를 하는 것입니다. 그리고 답은 이미 내 아이 안에 있다고 믿고 아이가 그것을 충분히 발견하고 발휘할 수 있도록 지지해 주는 것입니다. 즉, '내 아이는 답을 찾을 능력이 있다'는 전제조건이 성립되지 않으면 성공적인 코칭을 할 수 없습니다.

엄마는 아이에게 좋은 페이스메이커가 되어 주어야 합니다. 페이스메이커는 주로 마라톤 경기에서 우승 후보 선수의 기록 향상을 위해 앞서 달려 주는 선수를 말합니다. 42.195킬로미터의 구간 중에서 30킬로미터 지점이 가장 고비라고 합니다. 페이스메이커는 바로 그 지점까지 함께 뛰어 주는 사람입니다. 엄마 또한 아이가 인생이라는 길을 뛰어갈 때 페이스메이커의 역할을 해 주어야 합니다. 가장 힘들 때까지는 같이 있어 주지만 나머지 거리는 아이가 홀로 뛰어갈 수 있도록 하는 것입니다.

그렇기에 엄마는 조언이나 충고, 잔소리나 설득이 아니라 아이가 스스로 자신의 길을 잘 찾아갈 수 있도록 안내해 주고 이후에는 혼자서도 길을 잘 개척해 갈 수 있도록 조력해야 합니다. 엄마는 아이에게 하나의 정답을 알려 주는 사람이 아니라 아이가 자신의 꿈과 비전을 찾고 스스로 응원할 수 있도록 가장 가까이에서 지지해 주는 코치입니다. 아이 앞에 얼마나 큰 세상이 기다리고 있는지 함께 이야기를 나누며 다양한 직업의 세계를 알 수 있도록 도와주는 조력자입니다.

아이를 키우면서 자신도 자란다고 이야기하는 엄마들이 많습니다. 단순히 마음의 성장만이 아닙니다. 진로 코칭에서도 마찬가지입니다. 그전까지 몰랐던 것들에 대해 엄마도 배우고 익히면서 아이와 함께 성장한다는 마음가짐으로 진로 코칭을 해야 합니다. 지금까지 알았던 것이 틀릴 수도 있다는 전제, 지금까지 중요하게 생각했던 것이 더 이상 중요하지 않게 될 수도 있다는 전제를 가지고 아이와 함께 뛰는 동반자이자 지지자가 되어야 합니다.

모든 관계는 상대의 마음을 두드리는 것이 기본 전제입니다. 엄마와 자녀의 관계도 마찬가지입니다. 아무리 내가 살아왔던 방법이 좋은 것이라고 생각해도 상대방에게는 아무런 감흥이 없을 수도 있습니다. 밀레니얼 세대가 그 옛날 X세대를 싫어하는 이유는 X세대가 자신들의 성공 방식을 강요하는 젊은 꼰대 같기 때문입니다. 토론하는 문화에 익숙하지 않고 연장자의 일방적인 주장이 난무하는 상황에서는 아무리 어른이 하는 말이라도 아이들에게는 지시와 강요로 들릴 수밖에 없을 것입니다.

'취존(취향 존중)', '싫존주의(싫어하는 것도 존중하는 것)' 같은 말이 자연스러운 세대에게는 지도자가 아니라 그야말로 조력자가 절대적으로 필요합니다. 아이의 취향을 존중하고 의사와 의지를 꺾지 않으면서도 아이가 길을 잃지 않도록 뒤에서 등을 비춰 주는 것이야말로 진정한 조력자의 모습일 것입니다. 아이는 충분히 자신의 길을 찾아갈 수 있습니다. 아이 안에는 이미 답이 있습니다. 엄마는 아이가 자신의 내면을 잘 들여다보고 답을 내릴 수 있도록 언제든 불을 켤 준비만 하면 됩니다.

엄마가 나서야 하는 이유

현재 여러 학교나 단체에서 진행하는 진로 교육은 대부분 직업과 연관되어 있기 때문에 실패하는 경우가 많습니다. 왜냐하면 '나는 의사가 되고 싶다'로 시작되는 진로 교육은 아이들의 접근 동기를 강하게 만들어 주지 못하기 때문입니다. 의사가 되는 것은 아주 먼 미래의 일입니다. 그리고 미래의 일이기 때문에 지금 해야 할 행동을 자꾸만 연기하게 만듭니다. 어린 아이들에게 10년 이상의 먼 미래를 대비하는 것이 마음에 와 닿을 리 없습니다.

따라서 진로 코칭은 직업이 아니라 일에 대한 비전이 전제되어야 하고, 비전을 갖기 위해서는 자신을 만나고 세상을 다양하게 접하는 시간을 가져야 합니다. 우선은 지금 하고 있는 공부에, 지금 하고 있는 활동에, 지금 만나고 있는 사람에게 가치를 부여할 수 있어야 하고, 그 안에서 의미를 찾을 수 있어야 합니다. 모든 체험과 활동이 그냥 해 보는 것으로 끝난다면 책을 읽고서도 메시지나 내용을 알지 못하는 것과 같습니다.

엄마는 진로 교육이라는 것을 받아 보지 못한 세대입니다. 점수에 맞춰 대학을 가고, 대학 전공에 맞춰 직업을 선택하고, 어떻게 살아야 하는지 고민 한 번 하지 않고 누구나 그렇듯 정해진 길로 살아 왔습니다. 그에 비하면 우리 아이들은 이러한 교육을 받을 수 있는 기회가 많으니 행운이라고 할 수 있습니다. 자신의 꿈을 깊이 생각하고 자신을 만날 수 있는 기회가 풍부하게 주어져 있으니 엄마는 그저 옆에서 가볍게 거들어 주면 됩니다.

그런데 다른 모든 교육이 그러하듯 학교에서 진행하는 진로 교육은 전형적이고 획일화되어 있습니다. 아이들에게 꿈이 뭔지 묻고는 없으면 만들어서라도 적어 내야 합니다. 가슴 뛰어야 할 꿈이 과제가 된 것으로 마치 국어, 영어, 수학에 진로라는 과목 하나가 더 생긴 셈입니다. 또 교사 한 명이 내 아이에게만 특별히 관심을 갖고 신경을 써 줄 수도 없습니다. 어쩌면 교사에게도 진로 교육은 자신에게 주어진 업무의 하나로 여겨질 수도 있을 것입니다. 엄마가 직접 진로 코치에 나서야 하는 이유입니다.

그 누구보다 아이를 세심히 관찰하고 겪어 온 사람, 누구보다 아이에 대한 애정과 관심이 많은 사람인 엄마가 진로 코치로서 역할을 해야 하는 것은 당연합니다. 내가 낳은 아이 중에도 한 아이는 외향형이고 한 아이는 내향형인 것처럼 아이들은 하나같이 기질과 특성, 성격이 다릅니다. 학교의 진로 교육 시스템은 그 많은 아이들의 성향과 상황에 일일이 맞출 수 없습니다. 그에 반해 엄마는 내 아이에게 최적화된 진로 코칭을 할 수 있습니다.

우선 진로 코칭을 시작할 때 꿈이 뭔지 물어서는 안 됩니다. 세상일을 숱하게 겪은 어른도 자신의 꿈을 말하기 힘든데, 세상이라고는 가정과 학교밖에 겪어 보지 않은 아이에게 꿈을 묻는 것은 너무나 심오한 질문처럼 들립니다.

〈터닝 메카드〉라는 애니메이션이 한창 인기였던 적이 있습니다. 당시 그 캐릭터 완구를 사려면 아침부터 줄을 서야 했고, 터닝 메카드 하나 손에 쥐고 있지 않으면 아이들 틈에 낄 수 없었습니다. 그때 제 아이의 꿈은 터닝 메카드가 되는 것이었습니다.

터닝 매카드가 돼서 다른 매카니몰을 테이밍하는 것이 꿈이었습니다. 일곱 살 아이의 철없는 이야기라고 웃어넘기고 대수롭지 않게 여기는 엄마도 있지만, 꿈은 이렇게 어이없는 이유에서, 매일 접하는 작은 것에서 시작되어야 합니다.

초등학교 2학년 아이가 원고의 억울함을 풀어 주기 위해 변호사가 되고 싶다고 하면 안 됩니다. 그것은 아이 자신에게서 발생한 꿈이 아니기 때문입니다. 그 나이 아이라면 멋있어 보여서 변호사가 되고 싶다거나 자기는 말을 잘 해서 변호사가 되고 싶다고 해야 발달 수준에 맞는 꿈이라고 할 수 있습니다. 그렇지 않고 원고를 보호하고 범죄자를 물리쳐서 정의를 실현시키겠다는 것은 어디서 주워들은 것이거나 진짜로 자기가 원하는 것이 아닐 가능성이 큽니다. 왜 그러한 짐을, 누군가를 위해 내가 뭔가를 해야 한다는 사명감을 그 어린 나이에 짊어져야 한다는 말일까요?

아이에게 일을 해야 하는 이유와 가치를 심어 주라는 것은 이러한 어마 무시한 무게를 더해 주라는 말이 아닙니다. 나를 실현시키는 것, 내가 재미있는 것, 내가 즐거이 내 시간을 할애할 수 있는 것, 힘들어도 밀고 나가는 이유를 명백히 이야기할 수 있는 것 등 나에게 초점을 맞추고 나를 가장 나답게 지키고 세울 수 있는 것을 일깨워 주라는 뜻입니다. 사회에 기여하고, 좋아하는 일을 선행으로 연결하고, 개인적인 일에서 공익의 가치를 찾는 과제는 나다운 것을 세운 후에, 어른이 된 후에 생각해도 충분합니다.

학교 선생님이나 전문 진로 코치가 아닌 엄마가 내 아이의 진로 코치에 나서야 하는 이유는 일상에서 아이에게 '어떤 이유로'라는 질문을 계속해서 할 수 있고 그를 통해 아이가 목적의식을 가지고 실현시키고 싶은 것을 엿볼 수 있기 때문입니다. 엄마는 아이의 어이없는 말에 핀잔을 주거나 웃어넘기는 대신 '어떤 이유로'라는 질문을 던져야 합니다. 그런 질문을 많이 할수록 좋습니다. 아이는 엄마의 질문을 통해 자신이 막연히 생각하거나 짐작만 하던 것을 더 명확히 할 수 있고 자신이 왜 그 일을 해야 하는지 점검할 수 있습니다.

최고의 전문가는 이론에 통달한 사람이 아니라 현장에 있는 사람입니다. 아이가 있는 현장에서 아이와 함께 가장 많은 시간을 보내는 사람, 아이의 기질과 성격을 누구보다 잘 아는 사람이 바로 최고의 전문가이고, 그래서 적어도 내 아이를 위한 최고의 진로 코치는 엄마인 것입니다.

잘 쓰면 약, 못 쓰면 독이 되는 적성 검사

진로 코칭에 사용하는 심리 검사 유형에는 여러 가지가 있습니다. 홀랜드와 스트롱, 다중지능검사, DISK 등이 그것입니다. 그런데 MBTI는 주의해야 합니다. 간혹 MBTI를 공부해서 아이들 진로와 연결시키는 사람이 있는데, 심리 검사 중에서 가장 과학성이 떨어지는 검사가 바로 MBTI입니다. MBTI를 근거로 작성한 논문은 학회지에 실리지도 못합니다. 이는 칼 융의 이론 중 극히 일부분만을 가져와서 만든 것이어서 객관성과 과학성을 인정받지 못하기 때문입니다. 이처럼 과학성이 떨어지는 검사와 진로를 연결해서 강의를 한다든지 상담하는 전문가를 만난다면 조용히 다른 전문가를 찾아보기를 권합니다.

진로 교육 현장에서 주로 사용하는 적성 검사는 홀랜드인데, 모두 6가지 유형이 있습니다. R(현장형), I(탐구형), A(예술형), S(사회형), E(진취형), C(사무형)로 나누고 이를 홀랜드 유형(RIASEC)이라고 부릅니다. 적성 검사를 받았다면 전문가가 결과를 해석하고 적용하는 과정이 반드시 필요합니다. 이 과정이 생략되고 검사만 하는 것은 아무 의미가 없습니다.

더구나 만약 아이가 아직 많이 어리다면 적성 검사 자체가 신빙성이 떨어질 수 있습니다. 그날 기분에 따라 아무 것이나 체크할 수 있고 성의 없이 검사에 임하는 경우도 많습니다. 단어나 문장이 주어졌을 때 무슨 뜻인지 알지 못하는 아이도 있을 수 있습니다. 따라서 엄마는 적성 검사 결과를 참고 자료로만 활용하는 것이 좋습니다. 검사 결과를 맹신하기보다는 아이와 함께 진로에 대해 이야기를 나누고 자신에게 맞는 직업이 무엇일까 탐색하는 계기로 삼으면 충분합니다.

또 아이들은 이러한 검사를 왜 하는지에 대한 사전 정보가 부족하면 검사에 진지하게 임하지 않기 때문에 엄마가 검사하기 전에 충분히 설명해 주어야 합니다.

적성 검사를 다른 말로 표현하면 흥미 검사입니다. 아이의 흥미는 언제든지 바뀔 수 있고 잘 하는 것도 얼마든지 바뀔 수 있습니다. 그리고 적성 검사의 결과를 보면 한 아이가 하나의 코드만 갖는 경우는 거의 없습니다.

이를테면 홀랜드 검사에서 S와 E를 동시에 갖고 있는 아이도 있고, S와 E, A 세 가지 코드가 동시에 나타나는 아이도 있습니다. 한 명의 아이에게 여러 가지 코드가 나타난다는 것은 그만큼 아이의 적성의 스펙트럼이 넓다는 것이고, 아이가 선택할 수 있는 선택의 폭도 상당히 넓어진다는 의미입니다. 간혹 한 가지 코드만 가진 아이도 있는데, 이런 결과가 나왔다고 그렇게 낙담할 필요는 없습니다. 하나의 유형에 속하는 직업도 수백에서 수천 가지가 있으니 말입니다.

간혹 적성 검사 결과가 자신의 꿈과 다르면 당황하는 아이가 있습니다. 검사 결과가 자신의 기대와 다르게 나왔으니 꿈을 접어야 하지 않을까, 혹은 꿈을 이루지 못하게 될까 걱정하는 것입니다. 이럴 때 엄마는 적성 검사가 항상 꼭 들어맞는 것은 아니며 검사 결과에 나의 꿈을 굳이 맞출 필요도 없다는 것을 충분히 설명해야 합니다.

실제로 한 사람을 제대로 알려면 최소 여덟 가지 이상의 심리 검사를 해야 한다는 말이 있을 정도로 검사 하나로 그 사람의 모든 것을 아는 것은 불가능합니다. 따라서 적성 검사를 이것저것 해 보는 것보다는 한두 개 해 보고 나서 현재 자신의 위치를 파악하고 스스로 자신의 꿈에 대해 생각해 보는 기회로 삼으면 충분합니다.

그리고 적성 검사를 하면 결과에 맞는 직업들이 제시되는데, 아이와 함께 직업 카드를 이용해 해당하는 직업을 하나씩 살펴보면 좋습니다. 각각의 직업이 어떤 일을 하는지 이야기하고 아이가 지금껏 몰랐던 직업에 대해 알아간다는 것 자체가 의미 있는 활동입니다. 직업 카드는 시중에서 쉽게 구할 수 있습니다.

지금껏 초등학생에게는 진로 교육이 잘 진행되지 않았습니다. 우리나라 진로 교육의 문제점은 초중등 시기에 전문적인 진로 교육이 거의 이루어지지 않고 고등학교에 들어가서는 수능 점수에 따라 학과를 선택하는 진학 상담 위주로 진행된다는 점입니다. 그래서 아이들은 먼 훗날 자신이 직업을 선택하고도 만족감을 느끼지 못하게 됩니다. 적성이 아니라 점수에 맞춰 간 학과에서 재미를 느낄 수는 없습니다. 자기가 진짜 하고 싶은 일도 가끔은 재미없을 때가 있고 매너리즘에 빠져 허우적거릴 때가

있는데, 하고 싶지도 않은 일은 더 이상 말할 필요도 없을 것입니다.

그러면 아이의 적성을 어떻게 찾으면 좋을까요? 홀랜드 같은 적성 검사가 그 기초 자료가 될 수 있습니다. 하지만 앞에서도 이야기했듯이 적성 검사를 전적으로 신뢰하기보다는 참고만 하면 좋습니다. 특히 초등학생은 현실감이 부족하고 자아가 온전히 성립되어 있지 못합니다. 자신의 미래도 막연한 꿈의 세계에 머물러 있는 경우가 많습니다. 따라서 이 시기에는 자신에 대해서 이해하는 활동 위주로 진로 코칭을 하는 것이 중요합니다. 그것을 바탕으로 진로의 의미와 가치를 자각하게 하는 것입니다.

진로에 대한 인식을 높이기 위해 다양한 직업 현장을 탐방해 보면 좋습니다. 또 엄마와 아이가 함께 다양한 전문가 강연에 동행하면 생각해 보지 못한, 혹은 저 멀리 있는 존재로만 여겼던 삶을 자신의 삶에 들여다 놓는 좋은 기회가 될 수 있습니다.

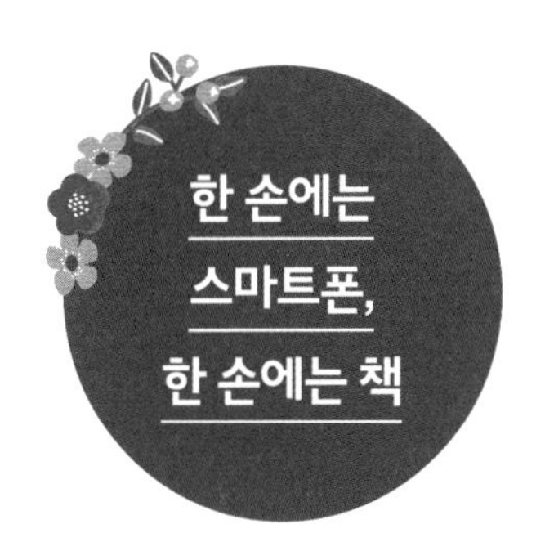

엄마가 문자 세대라면 요즘 아이는 영상 세대입니다. 엄마는 포털 사이트에서 정보를 찾고 아이는 유튜브에서 정보를 찾습니다. 유튜브 크리에이터가 아이들의 희망 직업 1위인 시대입니다. 누가 가르쳐 주지 않아도 스마트폰이나 인터넷을 자유자재로 다루는 것을 보면 신기하기까지 합니다. 그런데 문제는 이러한 환경이 아이의 집중력을 방해한다는 점입니다.

구글은 한 해 매출액 220억 달러 중 대부분을 광고로 벌어들입니다. 이 말은 영상 하나에도 광고가 여러 개 달린다는 소리입니다. 유튜브에서 영상을 보려면 처음 시작할 때는 물론 중간 중간 광고를 봐야 합니다. 인터넷 기사도 마찬가지입니다. 기사 하나에 작은 배너가 수없이 붙어 있고 수시로 팝업이 떠서 내용에 집중할 수가 없습니다. 광고 삭제 버튼을 눌렀는데도 해당 광고 페이지로 연결되는 경우도 허다합니다. 우리가 광고를 클릭해야 회사가 돈을 벌고, 우리가 광고를 봐야 크리에이터가 돈을 버는 구조여서 그렇습니다.

이처럼 인터넷 공간에서의 행위는 집중력을 떨어뜨리는 장애물에 번번이 가로막힙니다. 공부를 하거나 깊게 사고할 때 인간은 집중력을 발휘해야 하는데, 오늘날에는 이것이 거의 불가능한 환경입니다. 심지어 TV 드라마 한 편을 보는데도 중간에 광고가 들어가 집중력을 깨뜨립니다.

집중력은 공부나 일에서 성과를 내는 중요한 요인입니다. 그런데 영상 세대는 이 집중력이 특히나 취약합니다. 진로 코칭에서 집중력 강화 훈련이 점점 더 중요해지는 것도 이 때문입니다. 그리고 집중력을 높이는 데 독서만 한 것도 없습니다. 독서는 항상 중요하지만, 지금의 영상 세대에게는 더 절실하게 다가옵니다.

2008년 미국 보스턴대 연구팀은 18~24개월 사이의 아이들에게 책을 읽어 주면 학교에서 높은 능력을 보인다는 사실을 밝혀냈습니다. 책 속에는 평소 쓰는 단어보다 다양한 어휘가 들어 있어서 인지 능력 발달에 도움을 준다는 것입니다. 2015년 미국의 한 연구에서는 아이들이 부모 무릎에서 이야기를 들을 때 이를 시각화한다는 것이 알려졌습니다.

주목할 것은 7세 이전에 글자를 배워 스스로 책을 읽은 경험은 별로 큰 효과가 없었다는 사실입니다. 부모를 비롯해 어른과 함께 책을 읽는 경험만이 큰 영향을 끼쳤습니다. 혼자 읽을 때보다 어른이 읽는 것을 들을 때 아이들은 상상력을 발휘하게 되고 이것을 바탕으로 문해력이 키워집니다. 그래서 이 과정을 아이가 초등학교 6학년이 될 때까지 계속해야 한다고 주장하는 전문가도 있습니다. 아이와 부모가 함께 읽으면 책이 제공하는 것 이상의 정보와 배경 지식에 대해 대화할 수 있기 때문입니다.

독서의 효과는 지식 습득에만 있지 않습니다. 우리는 책을 읽으면서 내부 세계와 외부 세계를 연결하고, 때로는 외부 세계와 격리되어 자기 내면에 오롯이 집중하는 몰입 상태에 들어가기도 합니다. 이처럼 글을 읽어 지식을 얻는 것보다 독서를 계기로 뇌를 특정 상태로 유도하는 것이 더 중요합니다. 즉, 생물학적 뇌를 인문학적 뇌로 진화시키는 것이야말로 독서의 참된 가치라고 할 수 있습니다. 깊이 읽을 때만 깊이 사색하고 생각할 수 있

습니다. 이는 인터넷 검색이나 영상 시청을 통해서는 불가능한 일입니다. 느리면서도 집중하는 독서에서만 가능합니다.

화면 읽기는 일반적으로 인간의 인지 능력을 떨어뜨립니다. 1989년에 실시된 한 연구에 따르면, 하이퍼텍스트로 이루어진 문서는 인간을 산만하게 만듭니다. 글에 몰입해서 의미에 집중하게 만드는 대신 훑어 읽게 하고 그에 딸린 링크들을 클릭해서 다른 자료로 쉽게 이동함으로써 집중력도 그만큼 쉽게 흩어집니다. 이러한 정보 처리 과정을 즐기다 보면 뇌의 신경망이 변하면서 독서를 통해 이룩한 문해력이 파괴됩니다. 초등학교 때까지 읽었던 독서력이 아무 짝에도 쓸모없는 것이 되고 맙니다. 그러니까 책도 전자책보다는 종이책을 읽는 것이 집중력을 높이고 문해력을 높이는 데 훨씬 좋습니다.

우리 아이들은 초등학교 때까지는 책을 열심히 읽습니다. 대부분의 가정에 전집 하나쯤은 구비돼 있고 책장에는 책이 꽉 차 있습니다. 이 시기의 아이들은 책을 읽는 것도 좋아합니다. 어쩌면 책 이외의 흥밋거리와 놀잇거리가 한정돼 있기 때문인지도 모릅니다. 그런데 초등학교를 졸업하자마자 학업이 과중하다는 이유로 책과 거리를 두기 시작합니다. 엄마가 오히려 이 상황을 재촉하기도 합니다. 공부할 시간도 부족하다는 이유에서 말입니다.

나이가 들수록 더 많은 책을 더 깊이 읽어 스스로 사고하는 능력과 집중력을 키워야 하는데, 정확히 그 반대로 가는 것입니다.

인간의 뇌는 본래 산만하게 만들어져 있습니다. 아주 먼 옛날, 수많은 천적들을 물리쳐야 했던 인간은 한 곳에 고정되지 않아야 살아남을 수 있었고 끊임없이 주위를 둘러봐야 했기 때문입니다. 그 이후 오랜 문명화 과정을 거치면서 인간은 드디어 한 곳에 집중할 수 있게 됐고, 학습이 가능해졌고, 무언가를 발명하게 되었습니다. 실제로 인간의 뇌는 물렁물렁해서 주변 상황에 맞추어 자신을 바꾸는 성질, 즉 가소성을 가지고 있습니다. 그래서 좋은 환경을 만들어 주면 우리의 뇌는 더 좋은 방향으로 바뀔 수 있습니다.

뇌 세포는 사용할수록 더 커지고 발전하며, 사용하지 않으면 줄어들거나 사라져 버립니다. 우리가 더 많이 사용하는 뇌의 회로는 더 발전하고, 당연히 덜 사용하는 회로는 퇴보합니다. 영상 세대는 무언가를 기억하기보다 인터넷과 컴퓨터에 저장된 정보를 언제든 꺼내어 보는 환경에 자신의 뇌를 맞추고 있습니다. 그렇기에 인터넷을 사용하는 뇌의 회로는 더욱 더 강력해지고 책을 읽고 기억하는 뇌의 회로는 점점 그 힘을 잃어 갑니다. 이런 상황이 오래 지속되면, 텍스트를 해석하는 데 어려움을 겪게 되고 급기야는 당면한 문제들을 어떻게 풀어야 할지 감조차 잡지 못하게 되는 지경에 이를 것입니다.

뇌는 세 가지 기억 기능이 있습니다. 감각 기억, 단기 기억, 장기 기억입니다. 이중에서 장기 기억이 줄어들면 특정 상황에서 어떤 정보를 활성화하고 억제해야 하는지 판단하는 능력이 떨어집니다. 이는 곧 지능을 감소시키는 결과로 이어집니다. 인간의 뇌가 컴퓨터와 다른 점은 기억 용량에 한계가 없다는 것입니다. 새로운 장기 기억을 저장할 때마다 정신적인 힘을 제한하는 것이 아니라 오히려 강화합니다. 그렇기 때문에 기억을 확장할 때마다 지적 능력은 향상되는 것입니다.

아이들에게서 인터넷과 스마트폰을 뺏을 수는 없습니다.

인터넷이 아주 유용한 것은 분명하기 때문입니다. 발로 뛰며 정보를 모았던 시대의 단점들을 극복할 수 있게 도와줬고 정보의 평등을 이루게 해 줬습니다. 하지만 문제는 인터넷이 여러 정보 전달 수단의 하나여야 하는데 사실상 전부가 돼 버린 것입니다. 인터넷도 이용하고 책도 이용하고 직접 사람을 만나는 등 다양한 방법으로 정보를 획득할 수 있어야 합니다. 인터넷 시대를 사는 영상 세대 아이에게 꼭 필요한 능력도 바로 이것입니다.

그러면 어떻게 해야 할까요? 정보를 찾을 때 스크린에서 바로 확인하는 대신 출력해서 보거나 따로 저장했다가 한 번에 확인하게 합니다. 영상에서 정보를 얻어야 할 때는 영상의 내용을 요약해 정리하도록 훈련시킵니다. 또한 인터넷과 영상을 사용하는 활동은 시간을 정해서 하는 것이 좋습니다.

무엇보다 인터넷을 사용해야만 하는 경우와 그렇지 않은 경우를 구분할 수 있어야 합니다. 그리고 가급적 도서관이나 서점에서 관련 도서를 찾아보게 합니다. 뭐니 뭐니 해도 책으로 정보를 얻는 것이 가장 좋기 때문입니다. 잘 생각해 보면, 대부분의 과제는 굳이 인터넷을 이용하지 않아도 충분히 가능하다는 것을 알 수 있습니다.

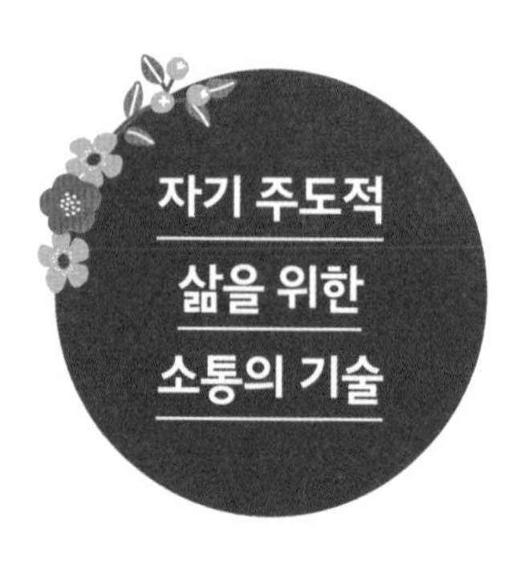

우리 신체에서 암에 걸리지 않는 부위가 심장이라고 합니다. 따뜻한 혈액이 항상 순환하고 있기 때문입니다. 가정에서도 부부 사이에서, 부모와 자녀 사이에서 따뜻한 관심과 대화가 순환할 수 있다면 관계에 검은 찌꺼기들이 쌓이지 않을 것입니다.

아이와 진로에 대해 소통하려면 아이의 관심과 욕구를 제대로 파악하는 것이 가장 중요합니다. 엄마도 어린 시절 부모님으로부터 그런 이야기를 자주 들었을 것입니다. 지금 좋아하는 것은 대학에 간 후에 하라거나 그건 취미로 얼마든지 할 수 있다는 이야기 말입니다. 어린 시절 가슴을 답답하게 했던 그 이야기를 내 아이에게 똑같이 하고 있다면 꽉 막힌 가슴을 유산으로 물려주는 셈입니다.

아이는 엄마가 자신의 말을 듣지 않는다고 불만입니다.

네가 하는 이야기를 들어는 주지만 결국 너는 나의 말을 따르라는 태도로는 진정한 소통을 할 수 없습니다. '나는 이렇게 생각하지만, 네 이야기를 들어 보니 네 이야기가 맞는 것 같다'고 인정할 자신이 없으면 진정한 소통은 요원합니다. 아이가 원하는 것과 엄마가 원하는 것이 다를 때도 변치 않고 응원할 것이라는 믿음을 아이에게 줄 수 있어야 합니다. 그럴 때 비로소 아이는 엄마와 간격을 줄이려는 결심을 할 수 있습니다.

아이가 원하는 것과 엄마의 응원을 적절히 연결시키려면 소통의 스킬을 잘 익혀야 합니다. 엄마의 언어와 아이의 언어는 다를 수밖에 없습니다. 아이의 언어는 아이가 어떤 성향을 가지고 있는지, 아이의 실제 관심과 욕구가 무엇인지 파악하려고 노력하는 과정에서 자연스럽게 이해할 수 있게 됩니다. 아이가 무엇이 되고 싶다, 무엇을 하고 싶다고 표현하는 것이 그냥 해 보는 소리인 것인지, 진짜로 자신이 원하는 것인지를 구별해 낼 능력이 엄마에게는 있어야 합니다. 더 나아가 아이가 진짜로 원하는 것을 알면서도 엄마 마음에 들지 않아서 그냥 해 보는 소리일 것이라며 애써 모른 척하지 않는 진실한 마음을 가져야 합니다.

가끔 아이와 소통하는 것이 힘들어 포기해 버리는 엄마가 있습니다. 이와는 정반대로 아이가 원하는 것이면 무엇이든 허용해 주는 엄마도 있습니다. 강압적인 엄마도 있고, 강압적이진 않더라도 어떻게 해서라도 설득하는 엄마도 있습니다. 이 모든 엄마는 아이에게 그저 자신의 말을 듣지 않는 엄마일 뿐입니다. 소통은 상호작용입니다. 아이의 말을 무조건 들어주어서도, 무조건 내 말만 해서도 안 됩니다. 아이의 말을 들어주면서 엄마도 적절히 자신의 의견을 표현할 수 있어야 합니다. 가정에서 소통하는 경험을 잘 한 아이는 자라서도 세상과 원활히 소통할 수 있는 인재가 될 수 있습니다.

진정한 소통을 원한다면 공감형 대화를 해야 한다는 것쯤은 누구나 알고 있습니다. 실전에서 그것이 쉽지 않아 하지 못하거나 안 하는 것입니다. 그러나 훈련을 하면 우리도 미국 드라마에나 나올 법한 엄마가 될 수 있습니다. 지금 상황에서 아이는 어떤 생각을 하고 있으며, 어떤 기분일지, 어떤 말을 듣고 싶을지에 대한 관심을 놓치지만 않는다면 말입니다.

소통은 아이가 자율적 변화를 추구하는 삶을 살게 합니다. 소통은 자신과 타인의 내면을 교환하는 행위이기 때문입니다. 나의 가치와 타인의 가치가 교환될 때, 아이는 보다 나은 삶으로 스스로 움직여 갈 수 있습니다.

이렇게 아이의 자율적 변화를 유도하려면, 무엇보다도 아이의 자기 효능감을 증진시키고 엄마의 응원과 지지 속에서 소통하는 경험을 하게 해야 합니다. 건강한 자아상과 자존감을 가지게 하는 것이 자율적 변화를 위한 첫 번째 과제입니다. 그런 다음, 다른 사람과 다름을 인정해 주고 작은 성취를 계속해서 경험하도록 도와줘야 합니다. 이때 아이의 능력보다 약간 더 높은 과제를 줘서 성취하는 경험을 맛보게 해야지, 너무 낮거나 너무 높은 수준의 과제는 흥미를 잃거나 지레 포기하게 만듭니다. 좌우명을 갖게 하는 것도 좋습니다. 기왕이면 엄마의 좌우명을 공개하고 어떤 사람이 되고 싶은지 함께 이야기를 나누면서 좌우명을 만들게 하면 보다 긍정적인 자아상을 갖게 할 수 있습니다.

이와 같은 소통 경험을 통해 아이는 자연스럽게 사회성을 기릅니다. 자신을 긍정적으로 바라보고 자신의 이야기를 누군가 경청해 준다는 경험을 어린 시절부터 하는 것은 아이가 다른 사람과 어울리며 잘 지낼 수 있는 경험을 미리 한다는 의미가 있기 때문입니다. 엄마로부터 공감과 배려를 받아 본 아이는 자신의 감정을 인정할 뿐만 아니라 다른 사람을 배려하고 처지를 이해하는 어른으로 성장합니다. 실제로 각급 단체에서 진행하는 진로 교육에서도 팀이나 동아리 형태로 진행하는 창의적 체험 활동을 통해 서로 공감하고 배려하며 갈등을 해결하는 소통법을 배웁니다.

자기 주도적 실행력을 키워 주는 또 다른 방법은 아이가 선택할 수 있는 폭을 단계적으로 넓혀 주는 것입니다. 아이의 발달 단계에 맞춰 선택할 수 있게 해야 하며, 그 과정에서 엄마는 아이의 눈높이에 맞는 맞춤 정보를 함께 찾아보고 다양한 과제들을 수행할 수 있어야 합니다. 이에 대해서는 3장에서 보다 자세히 설명할 것입니다. 지금은 이러한 과정에서 결과와 상관없이 과정에 대해 격려하고 칭찬하면서 어느 정도 실수를 허용해 주는 것이 무엇보다 중요하다는 사실만 이해해 주시기 바랍니다.

아이들은 진로를 찾아 나가는 과정에서 수많은 선택을 하게 되고, 실수와 실패를 통해 자연스럽게 세상을 알아가게 됩니다. 실수를 할 때마다 지적을 당한다면 아이는 어떠한 행동도 하지 않는 선택을 하게 될 수도 있습니다. 그저 하나의 과업이 실패했을 뿐이고 인생이라는 긴 여정에서 아주 짧은 순간 실패했을 뿐입니다. 그런데도 한 번의 실패를 인생 전체의 실패로 여기는 패배주의적 관점을 갖지 않도록 살펴 줘야 합니다.

모험심이 경쟁력이다

좋아하는 것을 해야 하는지, 잘하는 것을 해야 하는지, 질문을 종종 받습니다. 한 방송 프로그램에서 어느 저명한 심리학자에게도 이 질문이 주어졌습니다. 그는 어느 것을 선택해도 좋지만, 굳이 하나만 선택하라면 좋아하는 것을 선택하라고 대답했습니다. 아마 대부분의 사람이 그 비슷한 대답을 내놓을 것입니다.

당시 들었던 의문은 왜 진로 문제를 진로 전문가가 아닌 심리학자에게 물었을까 하는 것입니다. 이 문제를 심리학으로 풀려면 개인의 배경과 선택에 대한 정보가 필요한데, 그에 대한 추가 질문은 없었습니다. 아마도 진로 문제를 심리 문제라고 착각했거나, 심리학에 정통하면 인생 전반에도 정통할 것이라고 기대했을 것입니다.

그러면, 좋아하는 것과 잘하는 것 중에서 무엇을 선택해야 할까요? 답은 '어느 것을 선택해도 좋다'입니다. 사실은 질문 자체가 우문입니다. 좋아하는 것은 잘하지 못한다거나 잘하는 것은 좋아하지 않는다는 것을 전제로 한 이분법적인 발상이기 때문입니다. 닭이 먼저인지 달걀이 먼저인지 논하는 것보다 더 불필요하기까지 합니다. 좋아하는 것을 계속 좋아할 수 없고, 잘하는 것을 계속 잘할 수 없습니다. 따라서 고민할 필요 없이 일단 마음이 끌리는 대로 하면 됩니다.

이제 '잘하느냐 못하느냐'로 선택하는 문제는 제쳐 놓고, 혹시 '그것이 나에게 익숙해서인가'의 문제를 살펴봐야 합니다. 아이는 자신에게 익숙한 것을 좋아하는 것이나 잘하는 것이라고 착각할 가능성이 농후하기 때문입니다. 이것은 물론 어른도 마찬가지입니다. 자주 접하다 보니 익숙해지고, 익숙하다 보니 안전하게 느껴집니다. 그래서 좋아하는 것과 익숙한 것, 잘하는 것과 익숙한 것을 혼동하는 경우가 많습니다.

익숙한 것과 좋아하고 잘하는 것을 구분하려면 자신을 낯선 환경에 노출시키거나 새로운 것을 해 보는 수밖에 없습니다. 다른 것을 해 봐야 그동안 해 오던 것이 진짜 좋아서 한 것인지 증명할 수 있습니다. 또 단지 익숙하다는 이유로 한 가지만 고수해서 새로운 세상을 모르고 살게 되는 불행도 피할 수 있습니다.

하지만 안타깝게도 우리 아이들은 대부분 이러한 것을 증명할 기회를 갖지 못합니다. 새로운 환경에서 새로운 경험을 하려면 물리적인 시간과 정신적인 여유가 확보되어야 하는데 성적을 최우선으로 하는 현실에서는 쉽지 않은 일입니다. 더 정확하게 말하면, 엄마가 아이에게 여유를 줄 '마음의 여유'가 없습니다. 이처럼 다른 것을 시도해 볼 여유가 없다 보니, 엄마도 아이도 처음 선택을 잘 해야 한다는 강박에 시달립니다. 처음 선택이 앞으로의 진로를 결정할 확률이 커지기 때문입니다.

아이에게 이것저것 다 시켜 보는 엄마가 있습니다. 짧은 시간에 많은 경험을 하게 한다는 명목으로 아이와 함께 교육 기관 투어를 하는 것입니다. 그런데 교육 기관의 수업은 획일화된 학교 수업의 연장일 뿐입니다. 여기에서도 개인의 인격과 개성은 묵살당하기 일쑤이고 아이도 자신의 가치를 발견하는 데 집중하기보다 다른 아이와 비교해 실력을 끌어올리는 데 몰두합니

다. 그렇게 과제처럼 주어진 '재능 찾기 프로젝트'는 자칫 아이를 완벽주의 성향을 갖게끔 몰아붙이고 스스로를 다그치는 지경에까지 이를 수 있습니다.

교육을 많이 받는 것이 경험을 많이 하는 것이라는 믿음은 착각입니다. 물론 필요한 교육도 있습니다. 하지만 대부분의 교육 프로그램은 모험 지향적이 아니라 안정 지향적입니다. 개개인의 성향에 따른 교육이 아니라 실력 향상에 초점을 둔 교육이기 때문입니다. 이렇게 획일화된 교육을 받느니 차라리 독서에 투자하는 것이 창의력과 상상력을 기르는 데 훨씬 더 좋습니다.

앞으로는 모험심이 곧 경쟁력인 시대가 될 것입니다. 익숙한 것만을 고수하는 사람이 아니라 새로운 프로젝트에 과감히 자신을 던지는 용기 있는 사람이 주목받을 것입니다. 새로운 사람을 만나 소통하는 경험, 새로운 환경에서 여행하는 경험, 가족이나 친구와 캠핑을 하는 경험, 저명한 사람이나 닮고 싶은 사람을 직접 만나 인터뷰해 보는 경험 등 찾아보면 아이의 모험심을 자극할 만한 이벤트가 많이 있습니다.

내성적인 성격과 외향적인 성격은 상대적입니다. 시간과 장소, 상대에 따라서 더 내성적이거나 외향적일 수 있습니다. 그

런데도 어려서부터 너는 내성적이니까, 너는 외향적이니까 하면서 활동 범위를 정해 주면 아이는 하던 일만 하는 사람으로 성장합니다.

절대 낯선 사람을 만나 영업을 할 수 없을 것이라고 생각한 사람에게 자신도 모르는 영업자의 기질이 있을 수 있습니다. 어려서 남 앞에 서 본 적도 없던 사람이 커서 천만 관객을 사로잡는 연기자가 될 수도 있습니다. 바로 내 아이가 그럴 수도 있습니다. 겉으로 보이는 아이의 모습은 엄마의 착각일지도 모릅니다. 지금 아이에게 필요한 것은 새로운 시도를 할 때 생기는 두려운 마음을 공감해 주는 엄마, 그럼에도 불구하고 할 수 있다고 응원해 주는 엄마입니다.

드라마는 드라마일 뿐

TV 드라마에 의사, 변호사가 단골로 등장하던 시절이 있었습니다. 의사와 변호사가 하는 일보다는 등장인물 사이에 오고가는 질투와 반목, 연애 감정에 초점이 맞춰져 이야기가 전개되었습니다. 어떤 드라마에서는 주인공의 직업이 변호사인지 내내 모르다가 마침내 주인공이 법정에 서 있는 장면이 딱 한 번 등장한 적도 있습니다. 대중에게 선망의 대상인 직업군을 배경으로 이야기를 그려야 사람들의 관심을 끌 수 있으니 드라마에 의사와 변호사가 수시로 등장한 것도 당연합니다.

드라마의 속성은 시간이 흘러도 변하지 않았습니다. 요즘 드라마에서도 전문직 인물을 자주 볼 수 있습니다. 특히 주인공은 하나같이 잘 생기고 예쁘고 멋있습니다. 주인공이니 당연합니다. 하지만 현실 속 의사와 변호사는 그리 멋있지만은 않을 것입니다. 사실, 한국 드라마에서 주인공의 직업은 중요하지 않습니다. 직업은 주인공을 돋보이게 하는 수단일 뿐이고, 직업이 무엇이든 드라마의 전개는 거의 비슷합니다. 오죽하면 한국 드라마는 의사가 등장해 사랑하는 이야기, 변호사가 등장해 사랑하는 이야기, 경찰이 등장해 사랑하는 이야기라는 우스갯소리가 나올까요.

요즘 아이들 사이에는 유튜버가 선망하는 직업 1위입니다. 인기 유튜버가 유튜브를 벗어나 TV 속으로 들어온 탓이 큽니다. 유튜버는 가만히 앉아서 먹방이나 찍고 많은 돈을 버니 세상에서 가장 쉽게 돈을 버는 직업처럼 보입니다. 하지만 그들이 보이지 않는 곳에서 얼마나 많은 노력을 하는지는 방송에 나오지 않습니다. 수십억을 번다는 유튜버는 콘텐츠 개발을 위해 하루에 열 시간씩 공부하고, 먹방으로 인기를 얻은 유튜버는 먹지 않는 나머지 시간은 전부 운동하는 데 쓴다고 합니다. 유튜버의 이러한 노력은 생략되고 자극적인 방송과 수익만 공개됩니다. 아마 유튜버의 노력을 들려주고 너도 할 수 있느냐고 물으면 고개를 가로저을 아이가 차고 넘칠 것입니다.

요즘 새롭게 떠오르는 직업은 작가입니다. 좀 의외다 싶지만, 생각해 보면 최근 작가가 등장하는 드라마가 수도 없이 방영됐습니다. 대충 떠올려 봐도 〈시카고 타자기〉, 〈로맨스는 별책부록〉, 〈사랑의 온도〉, 〈세상에서 제일 예쁜 내 딸〉 등이 있습니다. 제목도 기억나지 않는 드라마에서도 '작가님'을 불러대는 대사를 쉽게 들을 수 있습니다. 이밖에도 요즘 인기 작가가 교양 오락 프로그램에 자주 등장하기도 합니다.

문제는 드라마가 진로 교육을 왜곡한다는 사실입니다. 아이 스스로 드라마 속 특정 직업을 선망해 자신의 진로로 삼는다거나 엄마가 '너도 저런 일을 해 보면 어때?' 하고 자신의 바람을 공공연히 주입합니다. 드라마에는 그 직업을 갖고 유지하기 위해 들어가는 노력은 생략되고 겉으로 보이는 근사한 모습만 강조합니다. 자칫 특정 직업에 대한 편견이 만들어질 수 있고, 이것을 무비판적으로 수용하면 인생의 큰 실패를 겪게 될 수 있습니다.

무엇보다 미디어에 자주 등장하는 특정 직업군이 무의식중에 아이의 뇌리에 박힐 수 있습니다. 미디어의 영향을 받아 특정 직업을 선망하고 있는지도 모른 채 원래부터 자신이 바라던 것으로 착각하면서 말입니다. 어떤 사건이나 사물의 뒷면을 보는 것은 쉽지 않습니다. 한 사람의 화려한 겉모습을 보고 섣불리 그 내면에 있는 그림자를 짐작할 수 없습니다. 모든 일에는 명암이 있고 모든 사람에는 장단점이 있듯이 모든 직업도 빛과 그림자가 있습니다. 그래서 아이가 어떤 직업이나 일을 희망한다면 그 직업의 현실을 똑바로 일러 주어야 합니다.

예를 들어, 작가의 삶은 흔히 생각하듯 그렇게 화려하지만은 않습니다. 드라마 속 작가들은 하나같이 매력적이고 풍요롭게 묘사됩니다. 하지만 책을 한 권 출간해 봐야 인세로 받는 돈은 생활비로도 턱없이 부족합니다. 누군가의 삶에 영향을 미치는 책 한 권의 가치가 중요하다고 믿는다면 작가로 살아도 좋습니다. 하지만 드라마에서 본 작가의 삶을 동경한다면 현실 앞에 아이의 꿈은 와장창 무너져 내릴 것입니다.

아이가 유명 배우를 보고 배우를 꿈꾼다면 정상에 올라가기는 커녕 생계를 걱정하는 수많은 배우가 있다는 사실도 함께 알게 해야 합니다. 베스트셀러 작가를 넘어 스테디셀러 작가가 되어 수억을 버는 작가가 있지만, 투 잡, 쓰리 잡을 뛰어야 겨우 살 수 있는 작가도 많다는 사실을 알려 줘야 합니다. 대형 로펌에서 근사하게 일하는 변호사도 있지만, 한 달 월세도 못 내서 허덕이는 변호사도 있음을 이야기해 줘야 합니다. 이 모든 것을 감수하고서도 여전히 그런 삶을 바랄 때, 비로소 제대로 된 꿈이 될 수 있습니다.

중요한 것은 직업 자체가 인생을 결정하지 않는다는 사실입니다. 이 직업을 가지면 폼 나게 살고 저 직업을 가지면 비참하게 사는 것이 아니라는 말입니다. 어떤 직업을 가지든 개인의 역량과 상황에 따라 인생은 달라질 수 있습니다. 따라서 직업 자체보다는 직업과 일을 대할 때 어떤 태도를 취하느냐가 훨씬 중요합니다.

드라마는 드라마일 뿐입니다. 화면에 비치는 모습의 이면에는 제각각의 사정으로 행복하기도 하고 불행하기도 하다는 것을 아이가 정확히 이해할 수 있어야 합니다. 엄마의 코칭이 실패와 모험, 위험을 있는 그대로 받아들이고 그에 대비해 더 준비하는 사람으로 자라게 하는 것에 초점을 두어야 하는 이유입니다.

'속도가 아니라 방향'이라는 말이 있듯이 진로도 방향이 중요합니다. 처음부터 방향을 잘못 잡으면 시간이 갈수록 자신의 진짜 진로에서 점점 멀어지게 됩니다. 그러면 무엇을 기준으로 방향을 설정하면 좋을까요? 바로 아이의 재능과 흥미입니다. 하지만 많은 아이들이 자신의 재능이 무엇인지, 무엇에 흥미를 느끼는지 제대로 알지 못해 고민이라고 말합니다. 엄마는 아이가 재능을 찾고 흥미를 느끼는 분야를 찾는 데 어떤 도움을 줄 수 있을까요?

우선 학교와 가정에서 아이가 어떻게 생활하는지 유심히 관찰

합니다. 목적의식적으로 아이의 생활을 잘 살피면 아이가 무엇에 흥미를 느끼는지 그 흔적을 찾을 수 있습니다. 그리고 아이가 관심을 가지는 것을 스스로 목록으로 작성하도록 도와줍니다. 서점이나 도서관에서 주로 읽는 책의 분야, 하루나 일주일의 시간표에서 가장 좋아하는 과목이나 일정, 자발적으로 신청한 방과후수업, 일상에서 아이가 흔히 하는 질문이나 대화 등에서 그 힌트를 찾을 수 있습니다.

그런데 아이가 좋아하는 것을 찾았다면, 그것이 곧 아이의 재능일까요? 엄마들은 이것이 가장 궁금할 것입니다. 재능도 없는데 아이가 좋아한다고 무조건 지지해 줘야 하는지 망설이는 엄마가 있는 반면, 아예 아이의 재능이 무엇인지 몰라 어떻게 재능을 발견하고 키워 줘야 할지 고민하는 엄마도 있습니다.

박찬호 선수가 메이저리그에 스카우트되기 전에 있던 일입니다. 두 명의 스카우터가 박찬호 선수에 대해 각기 다른 평가 결과를 내놓았습니다. 한 명은 조금 더 부정적으로, 그리고 한 명은 조금 더 긍정적으로 평가했습니다. 박찬호 선수는 자신의 재능을 긍정적으로 평가한 스카우터를 통해 미국으로 진출할 수 있었습니다. 박찬호 선수마저 긍정적인 점을 부각시켜 평가할 수

있고 반대로 부정적인 면에 초점을 두어 평가할 수도 있습니다.

유독 아이가 잘 못하는 것에만 초점을 맞추는 엄마가 있습니다. 찾아보면 잘하는 것도 많은데도 말입니다. 잘 못하는 것 하나마저도 잘하게 만들고야 말겠다는 엄마의 굳은 의지는 아이의 장점들까지도 지하실에 감금해 버리는 결과를 초래할 수 있습니다. 아이가 무기력 상태를 반복해서 경험하게 될 것이기 때문입니다. 반대로 하나라도 긍정적인 면에 집중해 준다면 아이는 자신에 대해 자긍심을 가질 것이고, 더 나아가 잠재되어 있던 능력을 발견할 것입니다.

사실 지금 아이에게 재능이 있는지 여부는 중요하지 않습니다. 그저 아이가 흥미를 느끼고 좋아한다는 사실 하나만으로도 엄마는 아이를 지지해 줄 이유가 충분합니다. 어려서는 좋아하는 것이 천지이다가도 어느새 익숙해져서 좋아하던 것도 좋아하지 않게 되는 일이 비일비재합니다. 초등학생만 돼도 학원이다 과외다 해야 할 것이 너무 많아 무기력에 빠진 아이도 많습니다. 그런 와중에 아이가 무언가 좋아하는 것이 있다면 그 자체가 큰 행운입니다. 잘하지 못하는 것은 연습과 훈련으로 잘하게 할 수 있지만, 좋아하지 않는 것을 좋아하게 만드는 것은 신의 영역에 있는 문제입니다.

아이의 재능을 아직 발견하지 못했다고 걱정할 필요도 없습니다. 모든 아이는 저마다 재능을 가지고 있기 때문입니다. 우선은 아이가 무엇에 자발적인 반응을 보이는지 살펴보시기 바랍니다. 자발적인 반응이란 어떤 대상에 무의식적으로 끌리는 것을 말합니다. 학교에서 틈만 나면 친구들과 축구를 한다거나 로봇을 조립하면 시간 가는 줄 모른다면 그것이 바로 아이의 자발적 반응을 보여 주는 사례입니다.

학습 속도도 주목할 만한 주요 요소입니다. 학습 속도는 아이의 재능을 확인할 수 있는 중요한 변수인데, 비교적 빠른 시간 안에 기술이나 방법을 습득하는 분야가 있다면 그것에 재능이 있을 가능성이 큽니다. 또 결과와 상관없이 기분이 좋아지고 만족감을 주는 활동이 있는지도 주의 깊게 살펴봐야 합니다.

재능과 관련하여 아이의 성향을 중요하게 생각하는 엄마도 많습니다. 아이가 내향적인가 혹은 외향적인가 따지는 것입니다. 물론 내향적인 특성에 더 잘 맞는 직업, 외향적인 특성에 더 잘 맞는 직업이 있을 수는 있습니다. 실제로 스트롱 검사나 홀랜드 검사에서도 현장형이나 진취형은 조금 더 외향형에 속하고 사무형은 조금 더 내향형에 속하기도 합니다.

하지만 개인의 성향 자체는 결정적인 증거력이나 영향력이 있는 것은 아니므로 참고만 하면 됩니다. 내향적이지만 자연을 좋아하고 활동적인 일을 하는 사람도 많습니다. 성향은 직업을 정하는 데 결정적인 영향을 미친다기보다 직업을 가진 후 직무를 해 나가는 방식에 더 큰 영향을 미칩니다. 이를테면, 내향적인 상담사와 외향적인 상담사는 저마다 자신의 성향대로 상담을 이끌 것입니다. 성향은 단지 그 정도의 차이가 있을 뿐입니다.

이제 아이의 재능과 흥미에 맞는 직업을 찾아봅시다. 과정은 간단합니다. 아이의 재능과 흥미, 그리고 직업군의 교집합을 찾으면 됩니다.

만약 홀랜드 검사를 했다면 아이는 한 가지 혹은 두세 가지 코드로 자신의 적성 유형 결과를 얻을 것입니다. 이 코드 값과 지금까지 엄마와 아이가 함께 발견한 흥미, 재능, 성향, 가치를 함께 적습니다. 그 다음에 한국직업정보시스템(www.work.go.kr)에서 각 영역과 관련한 직업들을 찾은 다음, 가장 마음에 드는 세 가지 정도만 우선 찾아 기록합니다. 이 과정을 통해 아이의 적성에 맞는 직업군을 찾을 수 있을 것입니다.

간략한 수준의 직업 찾기이지만, 처음에는 아이가 자신에 대해 생각해 볼 수 있는 계기를 마련해 주는 정도에서 충분합니다.

이후 아이가 가치관을 정립하고 자신에 대해 더 많은 정보를 얻게 되면 꿈과 직업의 교집합은 더 확장되거나 더 좁혀질 것입니다. 혹시나 흥미가 바뀌더라도 당황하지 말고 이 과정을 반복하면 됩니다.

엄마표 진로 코칭
Check Point!

○_ 잔소리 대신 질문하는 것, 지휘하는 대신 페이스메이커가 되는 것이 훌륭한 코치의 기본이다.

○_ 일대다로 이루어지는 학교 현장의 진로 교육의 한계를 극복하기 위해서는 엄마가 일대일의 진로 코칭을 해야 한다.

○_ 성격 검사와 적성 검사는 참고 자료로만 사용하는 것이 좋다. 검사 결과를 맹신하면, 아이의 세계가 검사 결과만큼 좁아진다.

○_ 영상 세대에게 가장 부족한 것이 집중력이며, 따라서 어려서부터 책을 읽게 해서 온전히 텍스트에 집중하는 능력을 길러 줘야 한다. 특히 엄마와 함께 책을 읽으면 상상력과 배경 지식이 높아진다.

○_ 엄마와 소통을 잘하는 아이는 세상에 나가서도 소통을 잘하는 인재로 자란다. 적절하고 원활한 소통이야말로 아이의 자율적 변화를 유도하는 원동력이다.

○_ 모범생이 아니라 모험생이 주목받는 시대다. 새로운 환경에서 새로운 경험을 하게 하라.

○_ 아무리 멋있게 보이는 직업에도 현실에서는 어려운 점이 있기 마련이다. 그러한 것을 모두 인지한 후에도 그 직업을 간절히 원한다면, 그것이 진정한 꿈이다.

○_ 부족한 점보다는 강점에 주목하라. 강점을 단련하는 과정에서 재능과 흥미, 직업군의 교집합을 찾을 수 있다.

· 엄마표 진로 코칭 3 ·

아이와 함께 하는 엄마표 진로 코칭 10

감성 코칭법

지금까지 엄마가 직접 아이의 진로 코치가 되어야 하는 이유와 코칭에 대한 전반적인 설명을 드렸습니다. 3장에서는 그중에서도 왜 엄마표 진로 코칭은 감성 코칭이어야 하는지, 구체적으로 일상에서 어떻게 실천해야 하는지 좀 더 자세히 안내하겠습니다.

엄마표 진로 코칭이 성공하려면 크게 4가지 요소가 적절히 어우러져야 합니다. 우선 아이와 다양한 주제를 가지고 대화를 나누어야 합니다. 여기에는 일상생활에 대한 이야기부터 보다 미래지향적인 이야기까지 다양하게 포함되어야 합니다. 두 번째,

아이가 직접 답을 찾아내도록 유도하는 강력한 질문을 던져야 합니다. 세 번째, 지시와 충고로 버무려진 일방적인 코칭이 아니라 아이의 강점과 약점을 파악하고 있는 상태에서 아이의 마음을 이해하고 공감해 주는 감성적인 코칭이어야 합니다. 마지막으로 이 요소들을 포함해서 코칭의 개념과 목적, 과정을 정확히 인지하고 있어야 합니다.

엄마표 진로 코칭은 왜 감성 코칭이어야 할까요? 감성 능력이란 '자신과 타인의 느낌과 감정을 차별화하고 그 정보를 자신의 생각이나 행동을 결정하는 데 활용하는 능력'으로 정의할 수 있습니다. 즉, 감정과 정서를 이해하고 통제하고 관리하는 능

력입니다. 감성 능력이 충분하지 않은 아이는 아무리 공부를 열심히 해도 실전에서는 감정을 조절하지 못해 실력을 제대로 발휘할 수 없습니다. 또 지나친 부담감과 압박감으로 자신에 대해 긍정적인 자아상을 갖기 어렵습니다.

반면 감성 능력이 있는 아이는 자기 인식과 자기 통제를 할 수 있고 감정이입이 뛰어나 인간관계에서 일어나는 다양한 상황을 해석하고 적절히 대응할 수 있습니다. 무엇보다 자기중심적인 생각에서 벗어나 상대방에게 온전히 문을 열 수 있습니다. 결국 감성 능력은 엄마와 아이의 상호작용이 원활해져서 진로 코칭이 성공할 가능성을 크게 높여 줍니다.

특히 초등학생 자녀를 진로 코칭할 때는 감수성을 갖추지 않으면 안 됩니다. 공감과 이해를 바탕으로 한 감수성이 없이 단순히 정보 전달 위주로 코칭을 하면 엄마와 아이의 공감대가 만들어지기 힘들고 오히려 아이를 엄마로부터 분리시키는 결과를 초래하기 쉽습니다. 감정을 조절하지 못하는 청소년기에는 엄마가 먼저 아이의 감정의 흐름을 이해해 주는 것이 중요합니다. 이렇게 감정을 이해받은 아이는 자기감정을 조절하게 되고 동기부여까지 받습니다. 이는 인간관계에 영향을 미치고 자기감정을 이해하는 단계로 발전할 수 있습니다. 즉, 감성적 진로 코칭이란 코치로서 엄마의 감성 능력과 코치이로서 아이의 감성 능력을 동시에 향상시키는 것을 말합니다.

다행히도 감성 능력은 학습과 훈련으로 기를 수 있습니다. 그렇기에 엄마는 아이가 감성 능력을 체계적이고 지속적으로 학습하고 개발할 수 있도록 도와주어야 합니다. 예를 들어, 책을 읽더라도 "주인공은 왜 이 행동을 했을까? 만약 너라면 어떻게 행동했을 것 같아?"라고 질문할 수 있습니다. 그러면 아이는 주인공과 자신의 마음을 읽는 기회를 가질 수 있습니다. 이처럼 아이의 정서 표현 능력을 향상시킬 수 있도록 엄마가 자주 아이의 감정에 대해서 묻고 표현하게 해 주기 바랍니다. 만약 아이가 감정을 말로 잘 표현하지 못하면 그림이나 글로 표현하는 것도 좋습니다.

역할 연기는 아이의 감정이입 능력을 향상시킬 수 있습니다. 엄마와 아이가 서로 역할을 바꿔 보는 것입니다. 격한 감정을 드러내거나 반대로 행복한 감정을 보이는 인물을 정해서 그 사람의 마음에 대해 이야기해 볼 수도 있습니다. 실패했을 때, 성공했을 때, 슬플 때 기분이 어떨지 다양한 사례를 들어 질문을 하는 방법도 있습니다.

이처럼 아이의 감성 능력을 키워 주는 방법은 다양하게 있습니다. 책과 텔레비전에 나오는 등장인물의 감정에 대해 이야기하거나 엄마 자신의 감정을 솔직하게 들려주는 것도 좋은 방법입니다. 이런 활동을 통해 아이는 자신의 감정을 직면하기를 두려워하지 않고 있는 그대로 받아들이게 됩니다. 아이뿐만 아니라 엄마의 감성 지수도 올라갑니다. 그러면 아이와 엄마가 서로의 입장을 더 잘 이해하게 되고, 진로 코칭도 더 원활해집니다.

감성 코칭법 핵심 요약

□ 코칭에 대한 이해를 기반으로 다양한 대화법, 강력한 질문, 감수성으로 접근한다.
□ 감성 능력을 키우기 위해 자신의 정서를 표현하도록 돕는다.
□ 그림, 역할 놀이, 책과 텔레비전 등장인물에 감정이입하기 등의 방법을 활용한다.

인생 그래프 코칭법

아이에게 가장 필요하고 중요한 것은 정서 안정입니다. 특히, 청소년기 아이는 정서를 관장하는 편도체가 발달돼 있는 반면, 이를 제어할 전전두엽피질이 발달돼 있지 않아 감정과 합리성의 부조화를 겪기 쉽습니다. 그래서 주변 사람들에 의해 주입된 정체감에 쉽게 흔들립니다.

최근 몇 년 사이 대한민국에서 가장 많이 등장한 단어는 단연코 자존감이었습니다. 지금도 많은 사람이 자존감을 키우기 위해 고군분투 중입니다. 자존감이란 '내가 나에 대해 내리는 전반적인 평가'입니다. 여기에는 자기 효능감과 중요 타자와의 관계라는 개념이 포함되어 있습니다. 이중에서 자기 효능감은 자신감의 다른 말로, 어떤 일이 주어졌을 때 할 수 있다는 믿음입니다. 부모 등 나를 둘러싼 중요 인물과 관계가 좋고 자기 자신에 대한 믿음이 있는 아이는 자기 존중감, 즉 자존감이 건강합니다.

자기 존중감(자존감) = 자기 효능감(자신감) + 중요 타자와 관계

아이의 진로와 관련해서 특히 중요한 것이 바로 자아 정체감과 자기 효능감입니다. 자아 정체감은 '나는 누구인가'라는 물음으로 시작해 참 나를 찾아가는 감각입니다. 자기 효능감은 어떤 과제가 주어졌을 때 그것을 해결할 수 있다는 감각입니다. 이 두 가지가 갖춰질 때 아이는 자신의 진로에 대한 감각, 즉 진로 정체감을 가질 수 있습니다.

먼저, 다른 친구와 나의 차이를 인정하고 내가 존재하는 이유와 나의 가치를 깨달아야 합니다. 그런 다음 실패의 의미를 되새깁니다. 실패했지만 그 실패를 딛고 다시 일어난 사례를 역사나 주변 인물에서 찾아보게 합니다. 또 하나의 일에서 실패했다고 그것이 다른 일에서의 실패를 의미하는 것은 아니라는 사실을 가르쳐 줍니다. 이런 활동을 통해 실패에 대한 자신만의 정의를

세울 수 있도록 돕습니다.

만약 아이가 실패에 대한 두려움이 있다거나 자신감이 떨어져 있다면, 아이에게도 성공한 경험과 잘 해냈던 경험이 있다는 사실을 발견하게 해 줘야 합니다. 이럴 때 추천하는 방법은 인생 그래프 코칭법입니다. 인생 그래프는 말 그대로 지금까지 살면서 겪었던 유의미한 일을 그래프에 표시해 보는 것입니다.

모든 아이는 크든 작든 자기 힘으로 해낸 경험을 가지고 있습니다. 그것을 인지하지 못하거나 기억하지 못할 뿐입니다. 특히 아직 어린 아이라면, 엄마의 기억 속에는 있지만 아이의 기억 속에는 없을 수 있습니다. 이때는 엄마가 아이의 성취 경험들을 직접 들려주며 그래프에 적습니다. 첫 걸음마, 처음 한 말 등 무엇이든 적어도 좋습니다.

그래프를 그리는 방법은 간단합니다. 맨 오른쪽에는 현재의 나이를 쓰고 왼쪽으로 한 살 단위로 나이를 적습니다. 그런 다음 사건이 있었던 지점마다 위쪽에는 긍정적인 경험을, 아래쪽에는 부정적인 경험을 씁니다. 단순한 과업이나 목표 달성만을 적는 것이 아니라 인간관계와 관련해 행복했던 경험을 같이 쓰게 하는 것이 좋습니다. 인생은 해야 할 일로만 채워지는 것이 아니라 관계 속에서 성장한다는 것을 가르쳐 줘야 하기 때문입니다.

경험을 모두 적고 나면 각 점을 곡선으로 연결합니다. 이렇게 해서 하나의 인생 그래프가 완성되었습니다. 인생 그래프를 보면서, 사고가 났거나 실패했지만 지금은 극복한 경험, 그때는 큰 사건이라고 생각했지만 이제는 별 거 아니라고 생각하는 경험 등에 대해 함께 이야기를 나눕니다. 한 번의 실패가 영원한 실패가 아니고, 실패가 더 좋은 결과를 가져 올 수 있으며, 과제의 실패가 인생의 실패가 아니라는 사실을 분명히 깨달을 수 있도록 적극적으로 대화를 나눕니다.

▌인생 그래프

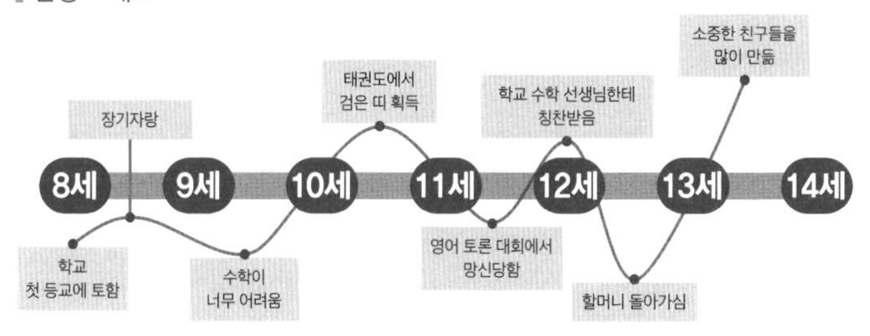

인생 그래프 코칭을 할 때는 부정적인 경험에 대해 먼저 이야기하고 긍정적인 경험에 대해서는 나중에 이야기하는 것

이 좋습니다. 왜냐하면 마지막에 이야기한 것이 아이의 기억에 더 오래 남기 때문입니다. 모든 대화는 긍정적인 주제로 마무리하는 것이 아이의 기분을 더 좋게 만들고 희망을 가지게 합니다. 이때 화살표를 오른쪽으로 늘려서 지금은 갖지 못했지만 앞으로 갖고 싶은 능력은 무엇인지, 어떤 경험을 하고 싶은지 등 이후의 삶에 대해서도 연령별로 적어 보게 하면 아이가 미래를 꿈꾸게 하는 데 좋습니다.

인생 그래프는 과거를 돌아보는 의미도 있지만 하나의 사건에만 집착하거나 후회하지 않고 인생을 전체적인 안목을 가지고 볼 수 있는 계기를 마련해 주는 데 의미가 있습니다. 실패에서도 교훈과 의미를 찾아보고 성취 경험을 통해 내가 할 수 있는 것을 확인함으로써 아이의 마음을 좀 더 따뜻하고 긍정적으로 만들어 줄 수 있습니다. 이때 엄마도 자신의 인생 그래프를 그려 나가면서 아이와 이야기를 나누면, 아이도 엄마의 인생을 이해할 수 있고 서로 꿈과 진로에 대해 소통할 수 있을 것입니다.

인생 그래프의 곡선은 마치 심장박동을 나타내는 선과 비슷합니다. 우리는 그렇게 심장이 뛰는 동안 인생의 호흡을 그려 나가면서 자신의 존재감을 증명합니다. 들숨과 날숨이 있는

것처럼 인생에도 들어오고 나가는 것이 있다는 것과 오르막과 내리막이 있다는 것을 이야기해 주고 그 긴 여정에 어떤 꿈을 가지고 걸어갈 것인지 생각하게 한다면, 아이의 인생 그래프는 더 멋진 곡선으로 그려질 것입니다.

인생 그래프 코칭법 핵심 요약

☐ 수평선을 그린 다음, 맨 오른쪽 눈금에 지금의 나이를 쓰고 왼쪽으로는 한 살씩 줄어든 나이를 쓴다. 수평선의 위쪽에는 긍정적 감정의 경험, 아래쪽에는 부정적 감정의 경험을 쓴다.

☐ 이때 부정적 감정을 먼저 쓰고 긍정적 감정을 다음으로 쓴다. 엄마와 이야기를 나눌 때도 이와 동일한 순서로 하는 것이 좋다. 긍정적 경험을 나중에 이야기하면 긍정적 감정의 여운을 더 길게 남겨 둘 수 있기 때문이다.

☐ 각 사건이 일어났던 지점에 점을 찍고 나중에 이것을 곡선으로 연결하면 인생 그래프가 완성된다.

☐ 인생 그래프를 그릴 때 단순히 과업만을 적는 것이 아니라 관계에서 일어났던 일을 함께 적고 인생은 일과 관계가 함께 공존함을 일깨워 준다.

☐ 엄마의 인생 그래프도 아이와 함께 그리고 소통하는 시간을 갖는다.

그물망이 넓을수록 고기를 많이 잡는다

직업 카드 코칭법

우리나라에는 몇 개의 직업이 있을까요? 한국고용정보원의 한국 직업 사전에 따르면 1만 2,000개 정도라고 합니다. 이중에 우리 아이가 알고 있는 직업은 몇 개이고 엄마가 알고 있는 직업은 몇 개일까요? 분명 극히 일부일 것입니다. 이렇게 알고 있는 직업이 몇 개 되지 않는 상태에서 아이에게 무엇을 하고 싶은지 정하라는 것은 좁디좁은 세계에 아이를 몰아넣는 것과 같습니다.

자신의 가치관과 직업관이 정립되지 않은 채 무작정 직업을 선택해 달려가다 보면 아이가 실제로 선택할 수 있는 여지는 점점 줄어듭니다. 그러다 원하던 직업을 갖지 못하면 급기야 자신의 인생이 실패했다고 느끼고 좌절하고 맙니다.

따라서 진로 코칭을 할 때는 특정 직업을 염두에 둔 꿈이 아니라 자신의 직업관을 실현할 수 있는 꿈을 꾸게 해야 합니다. 즉, 꿈을 명사형이 아니라 서술형으로 생각하게 하는 것입니다. 이를테면, 변호사, 의사, 교사 등 특정 직업으로 접근하지 않고, '나는 사람을 살리고 싶다' 혹은 '나는 누군가를 돕고 싶다'처럼 문장으로 접근해야 합니다. 그래야 하나의 직업에 매몰되지 않고 여러 개의 직업으로 확장해 생각할 수 있습니다.

'사람을 살리는 것'이 꿈이라고 해 봅시다. 사람을 살리는 직업에는 무엇이 있는지 물어보면 아이는 우선 의사와 간호사를 떠올립니다. 그러면 여기서 한 발 더 나아가 봅니다. 국민의 안전과 생명을 책임지는 경찰, 소방관 같은 직업도 나열해 볼 수 있고, 가치의 측면으로 확장하면 누군가를 돕는 행위도 사람을 살리는 것이기 때문에 기부와 봉사 영역까지 넓어질 수 있습니다. 또 정신적으로 사람을 살리는 직업도 있습니다. 작가는 글로 사람을 살리고 상담사는 상담으로 사람을 살립니다.

직업관은 직업에 대한 생각과 태도를 말합니다. 생계 수단형, 성공 수단형, 자기 계발형, 소명형, 물질 추구형으로 구분할 수 있습니다. 이중에서 나에게 맞는 것이 무엇인지 생각해 보게 하는 것이 중요합니다. 주의할 점은 이중 꼭 어떤 것이 더 훌륭하고 덜 훌륭한지 엄마가 예단하지 말아야 한다는 것입니다. 아이가 돈을 많이 벌고 싶다고 하면 그 의견 또한 존중해 주어야 하며, 어떻게 하면 돈을 많이 벌 수 있는지 구체적인 계획을 같이 세워 봅니다.

보통 엄마는 뭔가 더 정신적인 것을 추구해야 한다는 강박을 가지고 있습니다. 그런 가치는 엄마의 입장이고 엄마의 기준일 뿐입니다. 아이는 아이 나름대로 누구의 비난과 판단 없이 자유롭게 자신의 꿈을 꿀 권리가 있습니다. 그리고 사실 단 하나의 직업관만 가져야 하는 것도 아닙니다. 자신의 직업관을 확인하는 활동 자체가 더 가치 있는 것을 배우기 위해서가 아니라 자신의 욕구를 제대로 들여다보기 위해서입니다.

직업의 세계를 구체적으로 살펴보려면 직업 카드 코칭법이 좋습니다. 진로나 취업을 지도하는 현장에서 흔히 사용하는 방법으로 직업 카드는 시중에서 쉽게 구입할 수 있습니다. 직업 카드에는 각 장마다 하나의 직업 이름과 그 직업에 대한 설명이 적혀 있습니다. 이 직업 카드를 가지고 아이와 이야기를 나누며

집에서 실습해 볼 수 있습니다.

우선, 카드를 한 장씩 꺼내면서 좋아하는 직업, 모르는 직업, 관심이 없거나 싫어하는 직업으로 분류합니다. 모르는 직업이 나오면 뒷면에 있는 직업 정보를 자세히 읽어 보게 한 후, 이것을 다시 좋아하는 직업과 관심 없는 직업으로 나누게 합니다. 이런 식으로 좋아하는 직업을 분류하고 순위를 정한 다음, 그 이유를 함께 이야기합니다.

또 '좋아하는 직업'은 '가장 좋아하는 직업', '가장 자신감 있는 직업', '가장 현실 가능한 직업'으로 다시 분류할 수 있습니다. 그런 다음 이중에서 가장 관심 있는 직업군 세 가지를 뽑아 자신만의 직업 카드로 완성합니다. 그다음에는 각 직업에서 하는 일을 조사하고 관련 영화나 다큐멘터리, 텔레비전 프로그램, 책을 찾아보게 합니다.

아이는 가까운 사람에게 영향을 받는 경향이 있어서 주위에 자신의 롤모델이 있으면 좋습니다. 하지만 그 많은 경우를 충족시킬 만큼 사람을 실제로 만나는 것은 불가능합니다. 그렇기에 직업 카드를 활용하거나, 진로 특강에 참여해 여러 직업군의 사람을 만나거나, 진로 체험 학습을 하는 것으로 간접 체험하는 것이 중요합니다. 실제로 아이와 엄마가 함께 듣는 진로 특강을 연적이 있는데, 많은 엄마가 아이를 데리고 특강을 들으러 왔었습니다. 이렇게 엄마가 어딘가에서 듣고 전해 주는 것보다 아이가 직접 듣게 하는 것이 훨씬 생동감 있는 정보가 될 것입니다.

10개의 직업을 아는 아이와 150개의 직업을 아는 아이의 꿈은 분명 다를 것입니다. 현실적으로 초등학생이라면 50여 개, 중학생 이상이라면 70~150여 개의 직업에 대해 탐색해 볼 수 있어야 합니다. 물론 그 이상이면 더 좋습니다. 직업 카드뿐만 아니라 한국고용정보원에서 제공하는 〈한국직업전망〉을 참고해도 좋고, 유튜브를 통해 미래 직업에 대한 미래학자들의 이야기를 찾아봐도 좋습니다. 찾고자 한다면 정보는 얼마든지 있습니다.

엄마는 아이를 위해 직업 그물망을 넓게 만들어 주는 역할을 해 주시기 바랍니다. 넓은 그물망을 가진 아이가 많은 물고기를 잡는 것은 지극히 당연합니다. 엄마의 시야가 넓어져야 아이의 시야도 넓어집니다.

직업 카드 코칭법 핵심 요약

□ 직업 카드를 좋아하는 직업, 모르는 직업, 관심 없는 직업으로 나눈다.
□ 모르는 직업 뒷면에 있는 직업 정보를 자세히 읽어 보게 한 후, 이것을 다시 좋

아하는 직업과 관심 없는 직업으로 나눈다.

□ 좋아하는 직업으로 분류한 이유를 찾고, 순위를 정한다.

□ 좋아하는 직업은 다시 가장 좋아하는 직업, 가장 자신감 있는 직업, 현실 가능한 직업으로 분류한다.

□ 가장 관심 있는 직업군을 세 가지 뽑아 자신만의 직업 카드를 만든다.

□ 뽑은 세 가지 직업을 가지고 각 직업이 하는 일, 업무 능력, 되는 길, 지식, 관련 학과, 향후 전망, 관련 자격증을 조사한다.

강점 나무 코칭법

세상을 바라보는 눈은 자아상의 연장선에 있습니다. 긍정적인 자아상을 가진 아이는 사람과 삶을 긍정적인 자세로 대합니다. 그동안의 심리학이 인간의 부정적이고 병리적인 측면에만 너무 집중했다는 반성에서 최근 긍정심리학이 유행하고 있습니다.

살다 보면, 나는 가만히 있는데 갑자기 나에게 부딪쳐 오는 사람도 있고, 나를 향해 날카로운 말을 내리꽂는 사람도 있습니다. 나의 자존감을 흠집 내려는 사람은 끊임없이 등장하고, 뒷담화를 일삼거나 괴롭히는 사람도 수시로 나타납니다. 적은 언제 어디서든 나타날 수 있습니다. 그래서 더욱 우리가 긍정적인 자아상을 갖고 있느냐가 아주 중요합니다.

긍정적인 자아상이 무조건 잘 된다고 믿는 것이 아닙니다. 자신의 약점이나 단점을 인정하되 강점과 장점에 집중하는 것입니다. 긍정을 말하는 것은 쉽습니다. 장점에 집중하라고 충고하는 것은 더 쉽습니다. 하지만 훈련되지 않은 사람에게는 이보다 어려운 일이 없으며, 훈계와 잔소리, 꾸지람만 듣고 자란 아이가 긍정적 자아상을 갖는다는 것은 거의 불가능에 가깝습니다.

긍정적 자아상을 가지면 타인을 돕고 함께 나누는 사회가 만들어집니다. 긍정심리학에 따르면, 그런 환경에서 개인의 행복도 증가합니다. 따라서 긍정적 자아상을 기르는 것은 지금 내가 속해 있는 여기에서부터 실천해야 합니다. 아이에게 그런 장은 바로 가정과 학교입니다. 아이가 받는 스트레스를 스트렝스(strength)로 바꾸려면 엄마가 먼저 아이를 인정해 줘야 합니다. 막연히 말로만 너는 이러이러한 좋은 점을 가진 아이라고 말하는 것보다 실습을 해 보는 것이 좋습니다.

벽에 강점 게시판을 그리고 아이에게서 강점을 발견할 때마다 포스트잇에 강점의 내용을 써서 벽에 붙입니다. 또는 강점 나무에 빈 칸을 그리고 아이와 엄마가 생각하는 강점을 함께 써 봅니다. 만약 집에 나무가 있다면 작은 공에 강점을 써서 달아 보는 것이 훨씬 더 좋습니다. 최대한 눈에 띄는 자리에 두어 수시로 볼 수 있게 해야 합니다. 아무리 사소한 것이라도 그것이 너의 강점이라고 말해 주면 남의 목소리를 통해 아이는 자신의 좋은 점을 깨닫고 그것을 마음밭에 각인시킵니다. 엄마의 목소리는 아이의 장점을 명확히 드러내는 증거력을 갖고 있습니다. 가장 신뢰하는 사람이 증명해 주는 강점인 셈입니다.

강점 나무 옆에 나무 하나를 더 만듭니다. 거기에는 앞으로 내가 갖고 싶은 능력, 나의 바람과 희망, 개선하고 싶은 점 등을 적습니다. 그런 다음 개선되거나 이루어진 것이 있으면 그것을 강점 나무에 옮겨 적습니다. 이러한 과정을 통해 아이는 한 자리에 머물러 있는 것이 아니라 끊임없이 성장하고 발전할 수 있으며, 지금의 단점을 장점으로 바꿀 수 있습니다. 노력하면 원하던 바를 이룰 수 있다는 것도 배우게 됩니다.

강점을 발견하는 방법도 여러 가지입니다. 강점 카드를 이용해서 자신도 몰랐던 강점을 발견하기도 하고, 잘했거나 노력한 일을 일기로 쓰면서 강점을 확인할 수도 있습니다. 엄마와 아이가 함께 긍정적인 느낌의 그림을 보며 긍정적인 단어로 이야기하면 어휘력까지 늘릴 수 있습니다.

▌강점 나무

아이를 키우다 보면, 다른 집 아이와 비교하기도 하고 부족한 모습에 실망하기도 합니다. 모자란 점만 눈에 들어올 때도 있고, 때로는 실망한 마음이 입 밖으로 나와 아이의 마음에 상처를 입히기도 합니다. 도저히 이해되지 않을 때는 이 아이가 과연 내가 낳은 아이가 맞나 하는 의구심이 들기도 합니다. 또 때로는 나의 못난 점, 남편의 못난 점을 닮은 모습이 꼴 보기 싫어지기도 합니다. 같은 자식인데도 더 못나 보이는 자식, 더 잘나 보이는 자식이 있는 것도 당연합니다.

아이의 강점 나무를 만들어 아이의 좋은 점에 주목하기 시작하면 아이에 대한 엄마의 이런 시각들도 바꿀 수 있습니다. 의식

해서 좋은 점을 찾다 보면 그동안 미처 보지 못했던 아이의 장점을 깨닫기도 하고, 그러다 보면 아이와 관계도 좋아집니다.

누구든 함께 오래 지내면 그 자체가 상대에게 소홀해질 수 있는 충분한 이유가 됩니다. 그래서 심하면 관계가 끝나기도 합니다. 하지만 아이는 어쨌든 엄마가 돌보고 키워야 하기 때문에 마음을 억누르고 의무적으로 육아를 해야 하는 것도 상당 부분 사실입니다. 그러다 보면 육아는 엄마에게 전혀 행복하지 않은 일이 됩니다. 따라서 아이의 장점을 찾는 것은 어떻게 보면 엄마의 육아 스트레스를 육아 스트렝스로 전환하는 계기이기도 합니다.

아이의 강점을 발견하는 것은 아이의 자존감을 키워 주고 아이가 엄마를 신뢰하게 하는 최선의 방법이다. 더 나아가 아이에 대한 엄마의 태도를 바꾸어 엄마와 아이의 사이를 더 친밀하게 만들어 줍니다. 씨를 뿌리고 물을 주고 볕이 잘 드는 곳에 화분을 놓아두고 가끔은 영양제도 주듯이 아이의 강점 나무가 될 씨앗도 잘 가꾸기를 바랍니다. 가정이라는 안전한 울타리에서 아이의 강점 나무가 튼튼하게 자라기를 바랍니다. 그러면 면역력이 생겨서 훗날 밖에 나가 상처를 받더라도 다시 싹을 틔우고 꽃을 피울 수 있을 것입니다.

강점 나무 코칭법 핵심 요약

□ 벽에 나무 모양을 그린 다음 엄마와 아이가 생각하는 아이의 강점을 적는다. 또는 작은 공에 아이의 강점을 써서 나무나 크리스마스트리에 달아 준다. 강점 게시판을 만들어서 포스트잇에 써 붙여도 좋다.

□ 강점 나무 옆에 희망 나무, 아직 덜 자란 나무 등을 추가로 그린다. 개선되거나 바라던 것이 이루어지면 강점 나무로 옮겨 적는다.

□ 강점 나무를 최대한 아이 눈에 잘 띄는 곳에 두어 수시로 자신의 강점을 알아차리고 노력을 통해 강점이 점점 많아지고 강해지는 것을 깨닫게 한다.

비전 선언문 코칭법

비전이란 지금은 눈에 보이지 않지만 미래에는 분명 보일 것이라고 상상하면서 이야기할 수 있는 '실현하고 싶은 희망이나 이상'을 뜻합니다. 그런데 이렇게 미래를 상상하는 것이 실제로도 꿈을 이루는 데 도움이 될 수 있을까요? 유명인 중 상당수가 자신이 상상하던 바를 꿈으로 이루었는데, 이때 머릿속으로만 상상하는 것이 아니라 비전을 시각화하는 방법을 사용했습니다. 오프라 윈프리는 이 방법으로 자신이 성공했다고 고백한 바 있고, 한때 베스트셀러였던 《시크릿》도 이 방법의 중요성을 역설하고 있습니다.

이를테면, 갖고 싶은 차가 있다면 그것을 머릿속으로만 생각하는 것이 아니라 그 차의 사진을 책상 앞에 붙여 놓고 그 차를 탄 내 모습을 상상해 본다든가, 더 나아가 매장을 방문하여 그 차를 직접 타 보는 것입니다. 또는 내가 원하는 삶을 살고 있는 특정 인물의 사진을 책상 앞에 붙여 놓고 그런 사람이 된 내 미래를 상상하거나 실제로 그 사람을 찾아가 직접 만나 보는 것입니다. 어떤 물건이나 사건, 인물이 머릿속에만 있는 것과 내 눈앞에 시각화되어 있는 것은 차원이 다릅니다. 전자보다 후자가 더 실재적이고 현실감 있게 다가오기 때문입니다.

이처럼 원하는 것을 시각화하는 작업이 바로 비전 선언문입니다. 비전 선언문에 아이가 하고자 하는 일, 되고 싶은 사람, 이루고 싶은 꿈을 표현하기 위해서는 몇 가지 사항을 살펴봐야 합니다. 첫째, 아이가 꿈을 상상하고 표현하는 것의 효과에 대한 과학적 원리를 이해해야 합니다. 둘째, 진로 로드맵을 설계하는 데 밑바탕이 되는 이력서의 작성 방법을 알고 목표 전개 유형을 점검해야 합니다. 셋째, 비전의 일곱 가지 핵심 구성 요소와 단계적 작성 방법을 알아야 합니다.

먼저, 미래를 상상하는 것의 효과에 대한 과학적 원리입

니다. 사람의 두뇌에는 수조 개에 달하는 신경섬유가 있습니다. 하나의 상상을 지속적으로 하면 수십만에서 수백만 개의 신경섬유가 모여서 신경초고속도로를 만듭니다. 그런데 이 신경초고속도로는 실제 경험과 상상을 구별하지 못하기 때문에 우리가 머릿속으로 무엇인가 지속적으로 상상하면 그 일을 마치 현실 세계에서 이미 이룬 것으로 착각합니다. 결국, 신경초고속도로가 형성되어 있는 사람은 상상한 것을 현실에서 계속 찾으려 하고, 마침내 목표를 더 빨리 이룰 수 있게 됩니다.

그러면 어떤 방법으로 미래를 상상하면 효과적일까요? 첫째, 미래 일기를 작성하는 것입니다. 원하는 직업 이름과 일의 내용, 일하면서 만나는 사람과 느낌을 가능한 한 구체적으로 상상하면서 써 보는 것입니다. 둘째, 미래 신문을 만들어 봅니다. 미래에 자신이 이룬 것을 3자의 시각에서 기사로 써 봅니다. 셋째, 미래 명함 만들기입니다. 미래에 원하는 직업 이름과 활동 분야를 적은 명함을 만들어 휴대하고 다니면 자신의 미래 모습을 좀 더 생생하게 상상해 볼 수 있습니다.

미래를 상상하고 나서는 자신의 미래 이력서를 써 봅니다. 1958년 미국에서 유학 생활을 하던 한국 학생 한 명이 공원

벤치에 앉아 자신의 미래 목표와 경로를 작성했습니다. 그러고 나서 먼 훗날 그는 그때 적은 미래 이력서와 실제 이력서를 공개했는데, 두 이력서가 상당히 비슷하게 흘러가고 있었습니다. 심지어 어떤 경력은 미래 이력서보다 실제 이력서에서 더 빨리 이뤄져 있었습니다. 바로 한남대 총장을 지낸 이원설 박사님의 실제 이야기입니다. 이처럼 상상이 구체적일수록 아이의 노력도 구체적이 됩니다.

이제 미래 이력서를 실현하기 위한 목표 전개 유형을 살펴봅니다. 일반적으로 우리는 다음 다섯 가지 유형으로 인생의 목표를 구현할 수 있습니다.

유지형 : 전공에서 출발하여 승진하는 목표 유형

융합형 : 같은 전공 안에서 맥을 같이 하는 영역으로 이동하는 유형

학문형 : 학문을 추구하며 그 분야의 연구원이나 교수로 가는 유형

점프형 : 전혀 상관이 없던 영역으로 경력을 점프하여 도전하는 유형

혼합형 : 여러 개의 직업을 조화롭게 함께 하는 유형

다만, 오늘날에는 직업의 이동이 수월하고 직업의 생명 주기도 짧아져 직업을 빠르게 전환해야 할 때도 있습니다. 그만큼 생

애 주기를 고려한 거시적인 진로 경로가 중요합니다. 따라서 어느 한 유형에만 얽매여서는 곤란합니다. 그보다는 다섯 가지 유형의 진로 경로를 이해한 상태에서 각 유형의 진로를 자유롭게 전환할 수 있다는 새로운 패러다임으로 나아가야 합니다.

비전 선언문 작성을 위한 최종 단계는 비전의 핵심 요소를 살펴보는 것입니다. 여기에는 직업 비전(장래 되고 싶은 사람이나 갖고 싶은 직업), 직업 사명(그 직업을 가져야 하는 이유와 가진 이후 삶의 방향), 비전 대상(자신의 직업을 통해 도움을 주고 싶은 대상), 비전 모델(자신이 꿈꾸는 일을 이미 이룬 사람), 장기 목표(꿈을 최종적으로 이룬 연도나 나이), 중기 목표(장기 목표를 이루기 위한 분기점), 단기 목표(올해 이루어야 할 목표)가 있습니다.

이 요소가 다 들어간다면 가장 완벽한 비전 선언문이 되겠지만, 이것을 모두 갖춰야 한다는 강박을 가질 필요는 없습니다. 아직 오지 않은 미래에 대해 중장기 목표를 세운다는 것 자체가 힘든 과제가 될 수 있기 때문에 단기 목표부터 세워 보는 것을 추천합니다. 숫자 목표에 너무 집착하지 않으면서 비전, 사명, 대상이 들어가는 것만으로도 충분합니다.

다음은 요리사가 되고 싶은 학생의 비전 선언문입니다.

“지금은 비록 견습생이지만, 세계적인 요리사가 될 거예요. 에드워드 권처럼 전 세계에 우리 음식의 위대함을 알리고 싶어요. 한식 외교관의 역할을 하면서 식량난을 겪는 사람들을 돕고 싶고 잘 못 먹고 굶주린 어린이들을 돕고 싶어요. 또 요리사를 꿈꾸는 가난한 학생들에게 장학금을 나눠 주고 싶어요. 이러한 꿈을 이루는 시기를 2030년으로 정하고, 이 꿈을 이루기 위해 2020년까지 주방장이 될 것입니다. 그리고 올해 안에 한식 자격증부터 취득할 거예요.”

아이가 마냥 어떤 직업을 갖고 싶다고 말하는 것에 그치지 않고, 그 직업을 얻기 위해 구체적으로 계획하고 그 직업을 통해 기여할 부분, 돕는 대상까지 생각하는 것은 차원이 다를 것입니다. 그런 직업관이어야 자신의 삶의 진정한 목적을 세우는 데 도움을 줄 수 있을 것입니다.

사실 우리가 아이를 키우고 진로 코칭을 하는 이유는 아이가 자신의 삶을 더 사랑하고 풍요롭게 살게 하려는 것이지 아이를 직업인으로 양성하기 위한 것이 아닙니다. 자신의 진심이 담기고 마음 깊은 곳에서 우러나오는 비전이야말로 아이가 미래에 대한 희망을 가지고 기대되는 삶을 살게 할 수 있습니다.

비전 선언문 코칭법 핵심 요약

□ 미래의 나의 모습을 구체적으로 시각화하여 상상한다(미래 일기, 미래 신문, 미래 명함).

□ 미래 이력서를 쓰고 목표 전개 유형(유지형, 융합형, 학문형, 점프형, 혼합형)을 점검한다.

□ 비전의 핵심 요소(직업 비전, 직업 사명, 비전 대상, 비전 모델, 장기/중기/단기 목표)를 중심으로 비전을 구체적으로 살펴본다.

진로 로드맵 코칭법

마라토너가 남은 거리를 생각하면서 달리면 압박감에 다리가 풀리고 힘이 빠집니다. 하지만 전체 거리를 몇 구간으로 나누어 각 지점마다 명칭을 정해 놓고 한 구간씩 차례로 달리는 식으로 하면 풀코스를 달려야 한다는 부담감은 더는 대신 각 지점을 통과할 때마다 생기는 성취감으로 끝까지 달릴 수 있습니다.

인생도 마찬가지입니다. 더구나 어린 나이에 인생 전체를 바라보고 노력하다 보면 시작하자마자 지쳐 버릴 수 있습니다. 이때 로드맵이 압박감을 덜어 주는 역할을 합니다. 말하자면, 인생에는 거시적 안목과 미시적 안목이 두루 필요한데 로드맵은 거시적인 계획 속에 있는 미시적 과업에 초점을 맞춘 것입니다.

목표는 시간이 지남에 따라 희미해지기 마련이고, 방금 세운 계획도 어떤 것부터 해야 할지 막연할 때가 있습니다. 나중에는 내게 그런 목표가 있었는지 잊어버리는 일도 발생합니다. 그렇기 때문에 적정한 진로 계획과 로드맵을 통해 목표를 구체화하는 연습을 해야 합니다. 도중에 꿈이 바뀌거나 원하는 직업이 달라져도 상관없습니다. 직업은 우리의 삶을 위한 수단이지 그 자체가 목표는 아니니까요. 로드맵을 작성하는 방법만 알면 원하는 직업이 바뀌더라도 얼마든지 다시 작성할 수 있습니다.

진로 로드맵은 이처럼 연도와 나이에 따라 각 시기의 목표, 필요한 자격이나 공부 및 네트워크, 자신의 역할, 예상 비용 등을 표로 만들어 보는 것입니다. 앞에서 미래 이력서와 비전 선언문 등으로 상상한 미래를 좀 더 구체화하고 체계적인 형태로 바꾼 결과물이라고 생각하면 됩니다.

진로 로드맵에는 직업인이 하는 일, 근무 환경, 관련 전공, 필요한 과목 및 훈련, 요구되는 자격 및 면허, 진출 분야, 직업 전망 등을 하나의 그림으로 표현합니다. 여기서는 그 예를 간략한 그림으로 표현했지만, 실제로 진로 현장에서 로드맵을 작성할 때

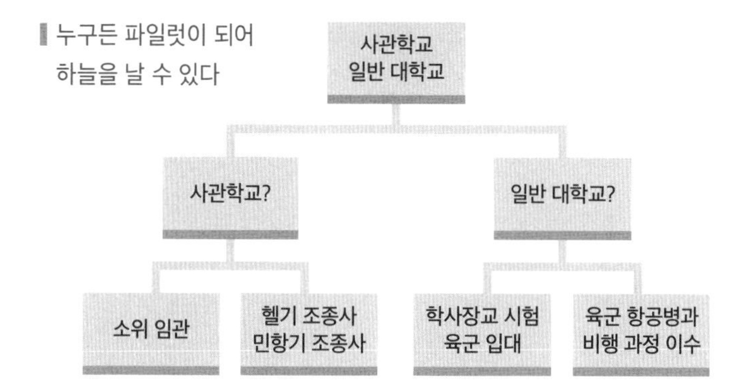

는 그림도 그리고 사진도 오려 붙이면서 더 재미있게 만듭니다. 직업 카드, 직업 관련 도서, 직업 정보 검색 등을 통해서 아이가 희망하는 직업을 찾아 함께 로드맵을 만들어서 책상 앞에 붙여 놓는다면, 희망 직업에 대한 관심을 지속시킬 수 있을 뿐만 아니라 그 직업에 점점 더 친숙해질 것입니다.

직업 로드맵은 활동 로드맵으로 활용할 수도 있습니다.

아이의 희망 직업과 관련된 대학 학과를 알아보고 그에 맞는 활동들을 추가하는 것입니다. 즉, 희망 학과에서 필요로 하는 자율 활동, 동아리 활동, 봉사 활동, 독서 활동, 특기 활동, 진로 활동 등을 설계하여 실천하는 것입니다. 그러면 진로 로드맵을 아이의 진학을 위한 기초 자료로도 활용할 수 있습니다.

활동 로드맵은 한 번에 그치는 것이 아니라 지속적이어야 하며, 희망 전공과 관련한 내용을 포함해야 합니다. 그리고 코칭은 엄마가 하지만 로드맵은 아이가 주도적으로 그리게 하는 것이 무엇보다 중요합니다.

이렇게 활동 로드맵을 바탕으로 한 진로 로드맵은 진로 스토리의 바탕이 되고, 더 나아가 자기소개서의 핵심 내용이 될 수 있습니다. 그리고 이 모든 것이 나중에 대학에 들어갈 때나 취업할 때, 아이의 포트폴리오가 됩니다.

요즘은 대학에 진학할 때도 자기소개서를 써야 하는 경우가 많기 때문에 진로 로드맵을 통해 진로 스토리를 잘 정리해 놓으면 나중에 훌륭한 자기소개서의 자료가 됩니다. 대학에서 요구하는 자기소개서의 내용으로는 대체로 지원 동기와 진로 계획, 학업 능력이나 특기 능력, 자신에게 의미 있었던 교내외 활동, 성장 스토리와 역경 극복 사례, 나눔과 배려 사례, 자신에게 영향을 미친 도서 등이 있습니다.

자기소개서는 취업을 할 때도 결정적인 역할을 합니다. 취업에서의 자기소개는 자신이 살아온 일대기를 단순히 죽 나열하는 것이 아니라 특정 직업관을 갖게 된 결정적인 계기와 자신만의 역량을 정해진 시간 내에 어필하는 것입니다. 평소 진로 로드맵

활동으로 훈련을 한 아이는 먼 훗날 이러한 자기소개도 당당히 해낼 수 있을 것입니다.

진로 로드맵 코칭법 핵심 요약

□ 연도와 나이에 따라 각 시기의 목표, 필요한 자격이나 공부 및 네트워크, 자신의 역할, 예상 비용 등을 표로 만든다.

□ 희망하는 직업을 생각하고 그 직업에서 하는 일, 근무 환경, 관련 전공, 필요한 과목 및 훈련, 요구되는 자격 및 면허, 진출 분야, 직업 전망 등을 하나의 그림으로 표현한다.

□ 진로 로드맵을 책상 앞에 붙여 놓고 자신의 목표와 꿈을 상기시킬 수 있도록 한다. 그리고 원하는 직업과 꿈은 언제 어느 때든 바뀔 수 있음을 인정하고, 바뀔 때마다 진로 로드맵을 다시 그린다.

진로 스토리 코칭법

요즘은 아이들이 별 어려움 없이 무난하게 자라고 엄마가 짜놓은 스케줄대로 움직여서 그런지 자신만의 감동적인 스토리를 찾아보기 어려워졌습니다. 더구나 시간이 지나면 많은 것이 잊히기 마련입니다. 분명 당시에는 유의미한 경험이었는데도 기억이 퇴색되듯이 그 의미도 희미해져 버립니다.

특별한 경험을 그때그때 기록하는 습관이 그래서 중요합니다. 아이가 진로에 대해 스스로 고민하고 그것을 글로 적는 습관을 가지게 해야 합니다.

일상생활에서 실천하는 자신의 진로 활동을 체크하고 기록하는 것을 진로 실천 점검표라고 합니다. 여기에는 '장기적인 진로'와 '중기적인 진학'의 영역이 포함됩니다. 이 두 가지를 중심으로 점검 항목과 기준을 마련합니다. 예를 들어, 아나운서가 꿈인 아이가 진로 실천 점검표를 만든다고 가정해 보겠습니다.

우선 '장기적인 진로' 영역에는 '표현력 연습'과 '지식 능력'이라는 항목을 설정해 볼 수 있습니다. '표현력 연습'에는 뉴스 따라 하기, 책 소리 내어 읽기, 표현한 것 녹음해서 들어 보기, 거울 보며 몸짓해 보기 등의 세부 항목을 쓰고 일주일에 몇 번 연습했는지 실천표에 기록합니다. 또 '지식 능력'에는 신문 사설 읽기, 경제 신문 읽기, 아나운서 아카데미 다니기, 신문 기사 스크랩하기 등의 세부 항목을 쓰고 이 역시도 실천표에 기록합니다. 그다음으로 '중기적인 진학' 영역에는 대학 진학을 위한 점검 항목을 쓰는데, 목표 점수와 독서 포트폴리오, 체험 활동 기록, 예습과 복습, 학교 정보 모으기, 봉사 활동 등의 세부 항목을 설정해서 점검표를 작성합니다.

진로 블로그를 꾸준히 운영하는 것도 자신의 스토리를 기록하고 관리하는 좋은 방법입니다. 이런 활동은 글 쓰는 능력을 키워 주는 것은 물론이고 무언가에 집중하면서 온전히 자신을 만나는 시간을 갖게 해 줍니다. 또한 사진을 찍고 활동을 정리하면서 목표를 다잡을 수도 있고, 자신의 활동에 관심을 놓지 않고 지치지 않도록 동기부여를 하는 역할도 합니다. 자율, 동아리, 봉사, 진로, 독서, 특기 활동으로 카테고리를 만들어 활동 내용을 채워 간다면 자연스럽게 자신만의 스토리가 담긴 포트폴리오를 완성할 수 있습니다.

블로그를 지속적으로 관리하면 자신의 관심이 어떻게 이동하고 변화했는지 한 눈에 파악할 수 있습니다. 그리고 먼 훗날 이 모든 내용이 아이의 역사가 될 것이고, 이렇게 쌓인 역사는 아이에게 새로운 경험을 할 계기를 만들어 줄 수도 있습니다.

네트워크를 형성하는 것도 진로 스토리를 만드는 데 큰 역할을 합니다. 비슷한 꿈과 비전을 가진 친구들끼리 동아리를 만들거나, 다양한 진로 관련 체험, 박람회, 세미나에 참석해 특정 직업인을 만나면서 자신만의 멘토를 만드는 것입니다.

예전에 학부모와 학생을 대상으로 여러 직업을 가진 사람들과 함께 진로 토크쇼를 열었던 적이 있는데, 그때 많은 부모가 아이와 함께 참석하는 것을 보면서 그런 살아있는 경험이 얼마나 값진 것인지 새삼 느꼈습니다. 아이와 함께 아침 일찍부터 서둘러 참석한 부모의 열정이 아이에게도 고스란히 전해지리라 믿습니다. 특히 청소년기에는 부모 이외에 제2, 제3의 멘토가 필요한데, 다양한 현장 경험이 롤모델과 멘토를 만나는 계기가 될 수 있습니다.

인터넷을 최대한 활용해서 네트워크를 구축하는 것도 좋은 방법입니다. 우선 닮고 싶은 사람의 홈페이지나 SNS를 방문해 볼 수 있고, 직접 이메일을 보내 적극적으로 소통할 수도 있습니다. 또 들어가고자 하는 학교의 홈페이지를 자주 방문하여 인재상, 배우는 내용, 교수 등 다양한 정보를 살펴보고 미래에 자신이 그 학교에 다니는 모습을 상상해 봅니다.

아이들의 생활은 단조롭습니다. 친구가 하는 활동을 나도 하는 경우가 많습니다. 단순한 일상에서 특별한 스토리텔링을 만든다는 것 자체가 어렵게 느껴질 수 있습니다. 그래서 많이 경험해야 하지만, 경험 자체보다는 그것의 의미를 찾는 게 우선입니다. 경험 자체가 특별한 것이 아니라 경험이 나를 변화시켜서 특별한 것입니다. 따라서 하나를 경험하더라도 그것을 통해 내가 깨닫고 변화한 것이 어떤 것인지, 어떤 사색을 하게 됐는지

탐구하는 자세가 중요합니다.

나의 생각이 나를 특별하게 만들어 준다는 사실을 아이가 분명히 깨닫게 해 주어야 합니다. 그러기 위해서는 평소에 사색하는 습관을 길러야 합니다. 사건을 나열한 진로 스토리는 아무 의미가 없습니다. 그 속에 나의 생각과 깨달음, 각오와 미래에 대한 희망 등 내적인 요소가 잘 채워져 있을 때 감동을 줄 수 있습니다.

진로 스토리 코칭법 핵심 요약

□ 진로 실천 점검표를 만들어 일상생활에서 실천하는 진로 활동을 기록한다.
□ 이를 바탕으로 진로 활동 노트와 진로 블로그를 만든다.
□ 책이나 인터뷰 기사, 학교 방문, 체험 박람회, 강연회 등을 통해 진로 네크워크를 형성한다.
□ 사색을 통해 자신의 생각과 다짐, 희망을 꾸준히 글로 쓰는 연습을 한다.

아이도 모르는 아이 마음 읽는 법

미술 코칭법

요즘은 초등학생 3, 4학년만 되도 엄마와 말하기 싫어하는 아이가 많습니다. 특히 내성적인 아이나 자신의 생각을 표현하기 힘들어 하는 아이에게는 말을 하게끔 하는 것 자체가 힘듭니다. 이런 아이에게 자꾸만 꿈이 무엇인지, 어떤 사람이 되고 싶은지 물으면 답변해야 하는 아이도 부담스럽고 듣는 사람도 답답하기 짝이 없습니다.

진로 교육 현장에서 아이의 마음 상태를 알아보는 수단은 많이 있습니다. 지능 검사, 성격 검사 같은 심리 검사도 있고, 로샤 검사, TAT, CAT 같은 투사 검사도 있습니다. 그런데 요즘은 이 이외에도 음악과 미술을 활용하는 검사도 자주 활용하고 있습니다. 특히 그림을 그리는 활동은 말로 표현하기 힘들어 하거나 마음을 열려고 하지 않는 아이에게 적합합니다. 스트레스가 과중한 아이에게는 그림을 그리는 행위 자체가 안정을 주고, 과제 위주의 여타 진로 활동에서 벗어나 마치 취미처럼 쉽게 접근할 수 있습니다.

엄마의 미술 코칭은 놀이가 되어야 합니다. 이것이 진로 활동이라는 인식을 아이에게 주지 않아야 합니다. 진로 활동이라고 인식하는 순간, 아이는 과업을 달성해야 한다는 부담감을 느낍니다. 재미있는 놀이가 될 때 아이가 적극적으로 참여할 수 있습니다. 편안한 분위기에서 그림을 그리게 하고 아이와 엄마가 자유롭게 그림에 대해 이야기를 나누는 식으로 진행하면 됩니다.

진로 교육 현장에서 전문 상담사가 주로 사용하는 미술 활동으로는 집-나무-사람 검사, 가족동적화 검사, 풍경 구성법, 테두리법, 콜라주법 등 다양하지만, 전문가가 아닌 엄마가 이러한 것들을 진행하기에는 다소 무리가 있습니다. 여기서는 엄마가 아이와 함께 할 수 있는 미술 활동 몇 가지를 추천합니다.

집에서 각 구성원이 하는 일을 그린 그림

첫째, 가족동적화와 학교동적화입니다. 이 역시도 상담 장면에서 전문가가 주로 사용하여 해석하는 것으로 비전문가인 엄마가 직접 해석할 수는 없으니, 아이와 그저 서로의 역할에 대해서 이야기하는 것으로 만족하는 것이 좋겠습니다. 따라서 가족동적화와 학교동적화 그림이라기보다 가족 역할 그림, 학교 역할 그림

등의 호칭으로 바꾸어 부르는 편이 훨씬 더 자연스럽겠습니다.

가족동적화는 우리 가족 구성원이 하는 일을 그림으로 그리는 것이고, 학교동적화는 학교에서의 일상생활을 그림으로 표현하는 것입니다. 가족동적화를 통해 아빠의 일, 엄마의 일을 표현할 수 있고, 그 과정에서 자신이 어른이 돼서 할 수 있는 일을 유추할 수 있습니다. 학교동적화는 자신의 과업 중 힘든 부분, 즐거운 부분에 대해 이야기해 볼 수 있고, 관계 속에서 나의 모습을 발견할 수 있습니다.

둘째, 손 그림입니다. 왼손과 오른손을 그리고 한 쪽에는 자신이 버리고 싶은 것, 다른 한 쪽에는 자신이 갖고 싶은 것을 적습니다. 이 활동으로 아이의 좌절과 욕망을 파악할 수 있습니다. 또 한 손에는 평소 많이 하는 말을 쓰고 다른 한 손에는 많이 듣는 말을 쓸 수도 있고, 혹은 자신이 듣고 싶은 말과 듣기 싫은 말을 각각 쓰는 방법도 있습니다. 이 과정에서는 아이가 힘들어하는 부분은 무엇인지, 그에 대해 어떻게 대처하면 좋은지를 알 수 있습니다.

손 그리기는 따로 준비물이 필요하지 않고 재미삼아 할 수 있어서 아이의 거부감이 거의 없습니다. 또 엄마가 다양한 주제를

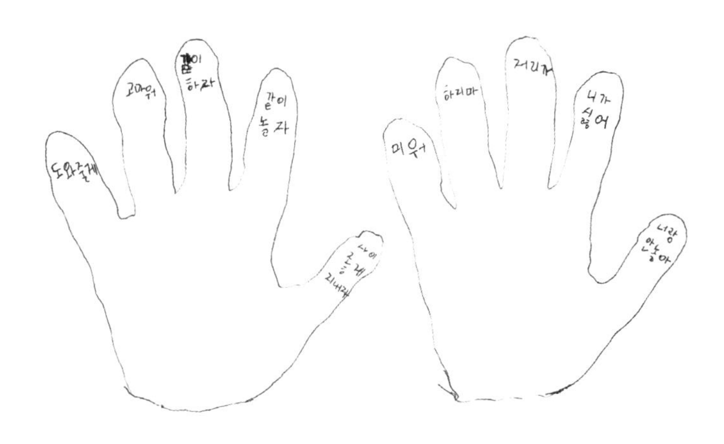

왼손에는 듣고 싶은 말, 오른손에는 듣기 싫은 말을 각각 씀

만들어 활용할 수 있고 아이가 자신의 마음을 무의식적으로 말하게 되기 때문에 엄마 입장에서는 아이에 대한 정보를 많이 확보할 수 있는 방법입니다.

셋째, 좋아하는 친구의 모습, 평소 텔레비전이나 미디어를 통해 즐겨 보던 사람의 모습을 그리는 것입니다. 그림을 보면서 왜 이 사람을 그렸는지, 어떤 모습이 인상적인지, 어떤 이유로 그 사람을 닮고 싶은지에 대해 이야기를 나눕니다. 그러다 보면, 자연스럽게 진로와 연결시킬 수 있습니다.

흔히 접하는 많은 것들이 진로 코칭의 재료가 될 수 있습니다. 특히 미술이나 게임을 활용하면 아이의 흥미를 끌면서 마음의 문을 열 수 있습니다. 다만, 엄마가 이것을 과업으로 여겨서는 곤란합니다. 이 활동을 반드시 진로와 연결시켜야 한다는 강박만 버린다면 얼마든지 유쾌한 시간이 될 수 있습니다. 아이를 이해하려고 시작한 활동이 잔소리와 핀잔의 원인가 되거나 엄마의 지시로만 가득 찬다면 아이는 곧 마음을 닫아 버리고 맙니다.

실제로 그런 엄마가 있었습니다. 미술 활동을 하면서 아이의 마음을 들여다보라고 했더니 색깔을 잘 못 칠했다느니 그림을 못 그렸다느니 하면서 고함을 치고 화를 내서 당황한 적이 있습니다. 이런 경우처럼, 미술 활동 때문에 오히려 아이에게 실망하고 상처 주는 일이 없어야 할 것입니다. 진로 코칭으로서 미술 활동은 아이의 마음을 이해하는 것이 목적입니다. 주객이 전도되어 미술 작품을 완성하는 데 초점을 두지 않기를 바라고 또 바랄 뿐입니다.

미술 활동은 어디까지나 아이 스스로 자율적으로 해야 합니다. 그리고 그림을 그렸다고 끝나는 것이 아니라 반드시 아이와 이야기하는 시간을 가져야 합니다. 이 두 가지가 전제되어야 아이의 잠재된 마음을 들여다볼 수 있고, 진로 코칭으로서 미술 활동이 완성되는 것입니다.

미술 코칭법 핵심 요약

- ☐ 미술 활동의 목적은 진로 코칭이지만, 아이에게는 놀이로 여겨져야 한다.
- ☐ 엄마가 집에서 간단히 할 수 있는 미술 활동으로는 가족동적화와 학교동적화, 손 그리기, 친구 그리기 등이 있다.
- ☐ 미술 활동은 아이의 마음을 읽는 것이지 작품을 만드는 것이 아니다.
- ☐ 아이가 스스로 그리게 하고 다 그린 다음에는 반드시 대화의 시간을 가져야 한다.

독서 코칭법

최근 심리 치료의 한 방법으로 독서 치료가 떠오르고 있습니다. 책이 사람들에게 친근한 매체이기도 하지만, 독서가 위안을 주고 정서를 안정시키는 효과가 있다는 연구 결과도 많이 나타났기 때문입니다. 실제로 책을 읽는 행위는 지식과 교양을 쌓고, 마음을 정화하고, 나를 비롯한 세상을 알고 이해하는 일석삼조의 효과가 있습니다.

모든 진로 활동은 자기 자신에 대해 탐색하는 것이 첫 번째 단계입니다. 독서는 나를 탐색하는 데 있어 더할 나위 없이 좋은 수단입니다. 예를 들어, 이광규 시인의 〈나〉라는 시가 있습니다.

이 시를 통해서 ‘나’를 표현하는 말을 찾아보고 자신만의 의미를 담은 이름을 만들어 보는 활동을 해 볼 수 있습니다.

나

김광규

살펴보면 나는 남편이고
나의 아버지의 아들이고 오빠고
나의 아들의 아버지이고 조카고
나의 형의 동생이고 아저씨고
나의 동생의 형이고 제자고

(중략)

나의 개의 주인이고 과연
나의 집의 가장이다 아들이고
아버지고 동생이고 형이고
아무도 모르고 있는
그렇다면 나는 나는 누구인가

이 시를 음미한 다음, 내가 생각하는 나는 누구인지, 주변 사람들과의 관계 속에서 나는 누구인지에 대해 한번 생각해 보고 자신의 언어로 시를 패러디해서 써 봅니다. 또 시를 읽으면서 자신의 위치를 살피고, 자신의 성격을 특징짓는 단어를 떠올려서 자신을 표현할 수도 있습니다. 사람의 성질과 특징을 나타내는 형용사를 사전에서 찾아보고 자신에게 해당하는 단어에 체크하는 것도 좋은 방법입니다. 이러한 활동을 통해 아이는 자신의 장점과 단점을 정의해 보는 시간을 가질 수 있습니다.

독서는 직업의 세계를 탐험하는 데도 유용합니다. 《하나라도 백 개인 사과》라는 책에는 아주 많은 종류의 직업이 등장합니다. 이중에서 관심이 가는 직업을 찾아보거나 앞으로 해 보고 싶은 일을 발견할 수도 있습니다. 또 이 직업은 세상에 왜 필요한 것인지, 만약 이 직업이 없다면 어떤 일이 일어날지 등 토론 주제를 정해서 아이와 이야기를 나누면 직업과 일의 가치를 깨닫는 기회가 될 것입니다.

《책을 구한 사서》는 위인들의 가치관을 알아본 다음 엄마의 가치관과 아이의 가치관에 대해 대화를 나누기에 좋습니다. 이 책 말고도 유명 인사나 위인의 이야기를 다룬 책은 넘쳐납니다. 이런 책을 고를 때는 너무 유명한 사람, 전혀 다른 문화권의 사람, 지금의 시대와 전혀 맞지 않는 과거 인물 이야기보다는 우리 주변에 있을 법한 사람의 이야기가 좋습니다. 전혀 다른 세계 사람 이야기는 흥미를 가지기 어렵고 공감하기도 쉽지 않습니다.

그 연장선에서 평범하지만 결코 평탄하게만 살아오지 않은 여성들의 이야기인《일 좀 하는 언니들 이야기》를 아이와 함께 읽어 보길 추천합니다. 이 책에는 자신만의 길을 개척한 커리어우먼들의 이야기가 풍부하게 실려 있습니다. 이 시대를 살아가는 언니들의 실제 사례를 통해 한 번의 실패가 끝내는 성공과 성취의 발판이 된다는 사실을 알 수 있을 것입니다. 또 콤플렉스로 괴로워하는 아이라면 책 속 인물들이 자신의 약점과 단점을 어떻게 극복했는지, 그를 통해 어떻게 한 단계 성장했는지 들려줌으로써 스스로 희망과 용기를 가지게 할 수도 있을 것입니다.

때때로 아이는 이상과 현실의 괴리로 힘들어 합니다. 이상은 늘 요원해 보이고, 현실은 늘 갑갑하게 느껴집니다. 많은 작가와 유명 인사가 책에서 자신의 길을 찾음으로써 이러한 이상과 현실의 괴리에서 오는 괴로움을 긍정적 에너지로 전환시켰던 것처럼, 책은 우리 아이에게도 그런 역할을 할 수 있습니다. 그

러자면 엄마가 독서의 힘을 절실히 깨달아야 합니다. 그런데 많은 엄마가 자식에겐 책을 사 주면서도 정작 자신이 읽을 책은 사지 않습니다. 아이에게는 책을 읽어야 한다고 강조하면서 엄마는 텔레비전을 봅니다. 엄마의 말과 행동에서 느끼는 아이의 괴리감도 만만치 않은 것입니다.

세상의 모든 사건, 모든 인물, 모든 경험을 직접 겪을 수는 없습니다. 그래서 책을 통한 간접 경험이 중요합니다. 우리 아이가 책을 통해 더 많은 사람을 접하고 더 넓은 세상을 만나 자신의 꿈을 발견할 수 있기를 바랍니다. 엄마가 옆에서 지켜봐 주시면 좋겠습니다.

독서 코칭법 핵심 요약

- ☐ 독서는 지식을 얻고, 마음을 정화하고, 나를 이해하는 일석삼조의 효과가 있다.
- ☐ 모든 진로 활동이 그렇듯이 독서 활동의 첫 번째 목표도 자기 이해이다. 특히 내면을 묘사한 시를 찾아 읽고 자신의 마음을 표현해 보면 좋다.
- ☐ 다양한 직업의 세계를 다룬 책을 찾아 읽고 흥미가 가는 직업, 하고 싶은 일을 생각해 본다.
- ☐ 세상의 모든 경험을 직접 해 보는 데는 물리적 한계가 있다. 그러나 책은 한계가 없다.

학습 전략 코칭법

왜 어떤 아이는 학습에 소극적이고 어떤 아이는 적극적일까요? 둘 사이에는 학습 목표를 세우느냐 아니냐의 차이가 가장 크고, 또 자신만의 효과적인 공부법을 터득했느냐 못 했느냐의 차이도 있을 것입니다. 적극적인 아이는 평소에 공부하는 습관이 있고, 수업 시간에 집중하며, 정보와 지식을 모으고 조직하는 특성이 있습니다.

목표를 세우는 것은 성취의 필수 조건입니다. 공부든 일이든 마찬가지입니다. 목표가 없는데 성취가 있을 수 없습니다. 그런데 목표도 좋은 목표를 세워야 합니다. 좋은 목표란 엄마나 주변에서 비롯된 목표가 아닌 자신의 가치에서 비롯된 목표입니다. 추상적인 것보다는 구체적인 것이 좋으며, 자신이 달성할 수 있는 수준의 것이어야 합니다. 그리고 목표는 상황에 따라 얼마든지 수정할 수 있습니다.

올바른 학습 전략은 아이에게 성실한 자세를 길러 주는 도구이고, 이후 수행하는 모든 진로 활동의 성패를 좌우합니다. 또 지금까지 소개한 다양한 진로 코칭법이 성공하기 위해서도 올바른 목표와 학습 계획이 필수입니다.

목표를 세울 때는 단기적인 목표와 장기적인 목표로 나누도록 합니다. 오늘 하루에 할 것, 일주일 안에 할 것, 한 달 혹은 일 년 안에 할 것을 스스로 세우도록 돕습니다. 단계마다 목표를 달성하면 칭찬과 피드백, 적당한 보상 등으로 성취감을 느끼게 해 주고, 달성하지 못한 목표에 대해서는 극복 방안을 생각하도록 합니다.

목표는 아이의 현재 수준보다 약간 더 높은 수준에서 세우게 해야 합니다. 예를 들어, 수학 점수가 50점인 아이에게는 60점~70점의 목표가 적당합니다. 그런데 만약 90점 이상의 점수를 목표로 하면 처음부터 부담감이나 거부감을 갖게 되고, 그렇게 되면 실패와 좌절을 맛볼 가능성이 커집니다. 이렇게 실패 경험을 거듭하다 보면 무기력을 학습하게 되고, 나중에는 어떤 것이든 도전을 주저하게 됩니다.

만약 아이가 이미 학습된 무기력에 빠져 있다면, 학습 전략을 세우는 것 자체가 아무런 의미도 없습니다. 학습을 하면서 많이 혼난 아이, 자신의 의사가 받아들여진 적 없는 아이, 자꾸만 실패를 거듭하고 점수가 낮은 아이는 그림이나 게임 등의 활동으로 마음의 문을 먼저 열어야 합니다. 학습 전략을 세우는 것은 그 다음에야 가능한 이야기입니다.

한 가지 주의할 점은 '무조건적인 보상은 독'이라는 사실입니다. 많은 엄마들이 아이가 무언가 목표를 이루면 바로바로 보상을 주어야 한다고 믿고 있습니다. 하지만 그것은 심리학에서 그다지 지지하지 않는 방법입니다. 보상은 밖에서 주어지는 외재적 동기를 강화함으로써 자신의 흥미나 호기심에서 유래된 내재적 동기를 약화시켜 학습 효과를 떨어뜨립니다. 자기가 하고 싶어서 시작한 학습도 무의식 속에서 보상 때문에 하는 것이라고 착각하는 것입니다. 따라서 목표를 이루면 아이가 원하는 것을 해 주겠다고 하는 등의 보상은 장기적인 관점에서 봤을 때 좋은

방법이 아닙니다. 언제까지 부모가 보상을 줄 수도 없고, 어른이 돼서까지 그런 식으로 행동할 수는 없는 노릇이니 말입니다.

그 대신 엄마는 아이가 우선순위를 정해 구체적인 계획을 세우고 실천하는 습관을 갖게 해 줍니다. 우선순위를 정할 때는 엄마와 아이가 적절히 타협하고 조정해야 합니다. 엄마 의견이 강하면 아이의 자율성이 떨어지고 흥미가 급감합니다. 이 과정에서 아이가 시행착오를 겪더라도 여유를 가지고 기다려 줍니다. 아직 자신의 능력을 정확히 알지 못하는 상태에서는 그럴 수 있습니다. 아이가 자신의 능력과 수준을 잘 찾아갈 수 있도록 기다려 주는 인내심이 엄마에게는 필수입니다.

계획을 실천할 때는 시간 단위가 아니라 분량 단위로 합니다. 예를 들어, '한 시간은 수학, 한 시간은 영어' 하는 식의 시간 단위가 아니라 '한 시간 동안 1단원부터 3단원까지'처럼 분량 단위로 할 때 계획을 달성할 가능성이 높습니다. 만약 30분 만에 계획된 것을 다 했다면, 나머지 시간은 자유 시간으로 허락합니다. 시간 단위로 학습하면, 아이는 그 시간 동안 책상에 앉아 있는 시늉만 하면서 시간을 허비할 수도 있습니다. 그런데 분량 단위로 학습을 하면, 가급적 빠른 시간에 과제를 수행할 가능성이 높고 능률도 극대화됩니다.

학습 전략 코칭법 핵심 요약

- □ 올바른 학습 전략은 아이에게 성실한 자세를 길러 주는 도구이고, 결국 진로 활동의 성패를 좌우한다.
- □ 목표는 아이의 수준보다 약간 높게 설정한다. 너무 낮으면 의욕이 안 생기고 너무 높으면 무기력에 빠진다.
- □ 내재적 동기를 약화시키는 무조건적인 보상은 지양한다. 대신 우선순위를 정해 계획을 세우고 차근차근 실천하는 습관을 들이게 한다.
- □ 계획을 실천할 때는 시간 단위가 아니라 분량 단위가 효과적이다.

엄마표 진로 코칭
Check Point!

- 성공적인 진로 코칭은 코칭 이해, 다양한 대화법, 강력한 질문, 감수성 훈련을 통해 이루어진다.
- 인생 그래프를 그려 나가면서 성취했던 일, 행복했던 경험 등을 엄마와 아이가 같이 적어 나가다 보면, 긍정적 상호작용을 경험할 수 있다.
- 직업 카드, 한국직업전망, 유튜브, 책, 강연 등 다양한 채널을 통해 아이가 직업의 종류를 더 많이 알게 한다. 넓은 그물망에는 당연히 더 많은 물고기를 담을 수 있다.
- 강점 카드, 강점 나무, 강점 게시판 등을 이용해 아이가 긍정적 자아상을 갖도록 해 준다.
- 비전 선언문을 작성해 자신의 비전을 점검하고 그를 통해 희망적인 미래를 설계하도록 돕는다.
- 진로 로드맵은 미시적 관점에서 자신의 진로 목표를 구체화한다. 진로 실천 점검표를 작성하고 네트워크 형성, 블로그 관리 등의 활동으로 변화하는 자신을 인식하고 탐구할 수 있다.
- 미술이나 게임 등의 놀이도 좋은 진로 체험이 되지만, 무엇보다 아이가 이것을 과제가 아니라 놀이로 인식하게 해야 한다.
- 책은 남의 이야기를 통해 나를 들여다보게 한다. 독서하는 엄마 곁에는 자연스레 독서하는 아이가 있다.

· 엄 마 표 진 로 코 칭 4 ·

성장하는 엄마가 아이의 성장을 이끈다

엄마의 진로 찾기

지금의 부모가 어렸을 때 남자 아이의 꿈은 너도 나도 대통령이었습니다. 반면 여자 아이가 대통령을 꿈꾼다는 것은 당치도 않은 일이었습니다. 묻지도 따지지도 않고 그냥 그런 시대였습니다. 지금도 다르지 않습니다. 남자 아이는 파란색, 여자 아이는 분홍색 옷을 입힙니다. 남자 아이에겐 축구공, 여자 아이에겐 인형을 쥐어 줍니다. 그러면서 은연중에 남녀의 역할과 정체성을 구분하려 노력하는 상황이 사회 곳곳에서 펼쳐집니다. 남성은 경쟁적이며 성취 지향적이고 여성은 감성적이며 얌전하다는 고정관념이 남성은 사회생활을, 여성은 육아와 가사를 담당하도록 만듭니다.

특히 여성은 모성을 강요당합니다. 모성은 인류를 보전하고 사회를 유지하는 데 절대적으로 필요하기 때문입니다. 심리학에서는 모성애가 타고나는 것이 아니라 학습되는 것으로 봅니다. 인류가 살아남으려면 아이를 낳고 잘 돌봐야 하는데, 모성애는 그 과정에서 결정적인 역할을 하도록 오랜 시간에 걸쳐 학습된 것입니다. 이러한 암묵적이면서도 확신에 찬 강요 때문에 많은 여성이 자신의 삶을 접고 헌신하고 희생하는 삶을 사는 것이 당연하게 여겨지는 풍토 속에서 살아왔습니다. 21세기가 된 지금도 곳곳에서 벌어지고 있는 일입니다.

2016년 프랑스 명문 경영 대학원 인시아드가 150여 개 나라 출신의 고위 경영진 2,800명의 리더십을 평가한 결과, 대부분의 항목에서 여성이 남성보다 더 높은 점수를 받았습니다. 여성이든 남성이든 누구나 리더의 정체성을 가지고 있다는 이야기입니다. 여성이라서 조신해야 하는 것도, 여성이라서 남성의 지휘를 받아야 하는 것도 아닙니다.

이에 반해 어느 연구는 여학생보다 남학생이 직업을 선택할 때 성 역할에 더 큰 혼란을 느낀다는 결과를 내놨습니다. 이것은 무슨 말인가 하면, 남학생이 여학생에 비해 직업을 고를 때 성 역할의 한계를 더 느낀다는 의미입니다. 여성이 남성의 전유물로 여겨지는 직업을 선택하면 응원받는 일이 많습니다. 딸을 그렇게 키우려는 부모도 점점 늘어나고 있습니다. 그런데 남성의 경우에는 여성이 많이 포진된 직업의 세계에 발을 들이려고 하면, 부모는 물론 사회의 편견에 맞서야 합니다. 함께 일하는 여성의 이상한 시선을 받는 것은 물론입니다. 그 예로 유치원 교사, 간호사 등을 생각해 보면 이해할 수 있을 것입니다.

이제 여성은 군인, 경찰이 되거나 건설업에 뛰어들어도 사람들의 편견이 덜한 편입니다. 하지만 남성이 플로리스트나 메이크업 아티스트가 되겠다고 하면 뭐라고 하는 사람이 여전히 많습니다. 성 역할에 대한 고정관념은 여성이든 남성이든 좋은 영향을 끼치지 못하는 것이 분명합니다.

어느 실험에서 유치원 참관 수업에 남자 교사를 투입했습니다. 어른들도 놀라고 아이들도 놀랐습니다. 그러나 아이들은 이내 남자 교사를 유치원 선생님으로 받아들이고 잘 어울린 데 반해, 어른들은 '유치원 교사는 남자가 할 일이 아니다'라고 말했습니다. 이러한 고정관념과 편견을 가진 사람이 집에서 남자 아이에겐 총싸움, 여자 아이에겐 인형 놀이를 시키는 것입니

다. 그렇게 아이는 성 역할에 대한 고정관념에 노출되고, 이것이 진로를 선택하는 데도 영향을 미칩니다. 어른이든 아이든 고정관념이 심하면, 자신의 꿈을 좁은 세계에 가둘 뿐만 아니라 남들 앞에 제대로 표현하는 것조차 주저하게 됩니다.

스웨덴에서는 유치원 교사의 남녀 비율이 거의 같습니다. 직업관이 그만큼 열려 있는 것입니다. 아이들은 어려서부터 성 역할에 대한 고정관념 없이 놀이를 즐기고, 남자도 감정을 자유롭게 표현하고, 여자도 터프할 수 있다는 열린 교육을 받으며 자랍니다. 그래서인지 스웨덴이 세계 특허 보유국 1위인 미국의 IT 산업을 위협하는 '떠오르는 IT 강국'이 되었는지도 모릅니다.

우리나라에서는 유치원도 그렇고 초등학교도 그렇고 교사 대부분이 여성입니다. 교사들의 MBTI를 분석하면 당연히 비슷한 유형을 보입니다. 이러한 환경은 아이들에게 비극과도 같습니다. 비슷한 성향의 교사들만 있는 학교에서 어린 시절을 보낸다는 것은 그만큼 유연하지 못한 환경을 경험할 확률이 높다는 뜻이기 때문입니다.

성 역할에 대해 열린 교육을 받고 균형 있게 경험해서 양성성이 길러진 아이는 창의력이 훨씬 더 높다는 연구 결과가 있습니다. 성 역할에 대한 한계를 짓지 않아도 되니 행동이 자유롭고 선택의 폭이 넓어집니다. 그러면 자신의 생각을 표현할 기회가 많아지면서 창의성과 독창성이 높아지는 것은 당연합니다.

양성성을 가진 아이는 공감 능력과 통합 능력이 뛰어납니다. 공감 능력과 통합 능력은 인간관계를 맺거나 사회생활을 할 때 결정적인 역할을 합니다. 그런 만큼 양성성을 길러 주는 교육은 이제 선택이 아니라 필수로 받아들여야 합니다. 타고난 성은 바꿀 수 없지만, 성 역할은 얼마든지 교육과 훈련에 따라 유연해질 수 있습니다. 그러려면 집에서 부모가 어떻게 성 역할을 하는지 보여 주는 것이 중요합니다. 가사를 나눠서 하는 작은 노력부터 시작하시기 바랍니다.

실제로는 인형을 갖고 놀고 싶은데 엄마 눈치를 보며 로봇을 고르는 남자 아이가 있었습니다. 마음으로는 칼을 갖고 놀고 싶은데 엄마의 기대에 맞춰 인형을 갖고 노는 여자 아이도 있었습니다. 우선, 성에 따른 놀이를 강요받지 않아야 하고 스스로 선택을 할 때 엄마의 눈치를 보지 않아야 합니다. 남자 아이가 인형을 좋아하고 여자 아이가 총을 좋아해도 엄마는 아이의 선택을 존중해야 합니다.

대부분의 엄마가 남자 아이는 좀 더 남자답게, 여자 아이는 좀 더 여자답게 자라기를 바라는 마음에서 은연중에 아이에게 성역할에 따른 직업을 권유하기도 합니다. 그렇게 고정관념에 노출된 아이는 그 직업 외에는 아예 관심을 두지 않게 됩니다. 이는 아이의 능력과 영역을 축소시켜 버리는 결과를 초래하는 일입니다. 성에 상관없이 어떤 분야든 관심을 가질 수 있고 어떤 영역에서든 일할 수 있다고 동기부여를 해 주면 아이는 엄마 앞에서 마음을 열고 자유롭게 의견을 말하게 될 것입니다.

'여자니까, 남자니까' 대신에 '너니까' 어떤 것도 할 수 있다고, 해도 된다고, 함께 하자고 말해 주기를 바랍니다. 엄마부터 사고를 전환하고 스스로의 삶도 그렇게 재구성하기 바랍니다. 아이는 그런 엄마를 닮아 갈 것입니다. 그러면 아이가 보고 겪는 미래는 꿈을 펼치기에 충분히 넓어질 것입니다.

동네를 돌아다니며 주민들에게 밥을 같이 먹자고 하는 텔레비전 프로그램이 있습니다. 한번은 MC 중 한 명이 우연히 길에서 만난 초등학생에게 "훌륭한 사람이 되라"고 말하자 게스트 연예인이 "뭘 훌륭한 사람이 돼. 그냥 아무나 돼!"라고 말했습니다. 이 장면은 많은 사람이 '핵사이다'라고 말할 정도로 한동안 회자가 되었습니다.

그런데 이것이 과연 정당하고 책임 있는 조언이었을까요? 본인은 아무나 되기 위해 살지 않았을 것입니다. 꿈을 이루기 위해 치열하게 노력했고, 그 결과로 그 자리에 올랐을 것입니다. 그러면서 아이에게는 아무나 되라고 한다면 과연 책임감 있는 말인지 공감하기 힘듭니다. 아마도 무엇에 얽매이지 말고 하고 싶은 대로 하라는 의미였을 것은 짐작합니다.

어른의 기대에 맞추지 말라는 것도 알겠고, 그동안 훌륭한 사람이 되라는 가르침 아래 우리의 청춘이 얼마나 덧없이 흘러갔는지에 대한 회한이 담긴 것도 알겠습니다. 그런데 좀 더 애정 있는 어른이라면 '훌륭한 어른'의 정의를 다시 내려 주었어야 합니다. '너는 훌륭한 어른이 뭐라고 생각하느냐'고 묻고 어떻게 사는 것이 훌륭한 삶인지에 대해 대화를 나눴어야 합니다. 그냥 '아무나 되라'는 것은 사이다 발언을 위한 사이다 발언이었을 뿐입니다. 이미 멋진 언니가 된 자신은 내뱉은 말에 책임지지 않아도 되지만, 아이는 그 말이 평생 마음에 남을 수도 있습니다.

사이다 발언은 남이기 때문에 할 수 있습니다. 제 자식에게 그냥 아무나 되라고 하는 부모는 없습니다. 그것이 바로 애정을 가진 사람과 갖지 않은 사람, 책임이 있는 사람과 없는 사람의 차이입니다. 아이를 아무나로 만들기 위해 엄마가 그렇게 발을 동동 구르며 키우고 교육시키는 것이 아닙니다. 그런 인기성 발언을 할 줄 몰라 안 하는 것이 아닙니다. 남의 집 아이에겐 쿨할 수 있어도 제 자식에겐 쿨할 수 없는 것입니다.

엄마의 마음은 한결같습니다. 아이가 이 험한 세상에서 좀 더 대접받기를 바랍니다. 어디 가서 곤경에 빠지거나 소외되지 않기를 바랍니다. 그래서 결혼 전에는 쿨했던 아가씨가 아이를 낳고 쿨하지 못한 엄마가 됩니다. 그 마음은 애정이자 관심이며 사랑이자 책임감입니다. 특히 아이의 잘못이 곧 부모의 잘못으로, 자식의 성공이 곧 부모의 성공을 증명하는 것처럼 여겨지는 문화에서 엄마는 자식의 교육과 성장에 결코 무심할 수 없습니다.

그동안 우리 엄마들은 성공 신화에 갇혀 아이를 키워 왔습니다. 그러나 그 연예인처럼 만약 성공 지향적인 삶에 염증을 느낀다면, 아무나 되라는 식으로 말할 것이 아니라 성공에 대한 개념을 새롭게 정의해 주는 편이 좋을 것입니다. 우선, 성공과 성취의 개념을 구분해야 하고, 성공의 개념에 자기가 원하는 것을 얻는 것, 오르고자 하는 지위에 오르는 것, 경제적으로 풍족한 것은 물론이고 질적으로 풍요롭게 사는 것, 자신의 가치를 정립하고 그 가치에 따라 사는 것, 이웃과 교류하고 벗과 소통하는 것까지 포함시켜 주는 것입니다.

이에 반해 성취는 다릅니다. 하나의 성취로 인생 전체의 성공을 가늠할 수 없고 원하던 것을 이루지 못했다고 해서 인생이 실패한 것은 아니라는 사실을 알려 주어야 합니다. 그동안의 훌륭한 사람이 좋은 자리와 지위에 오르는 사람에 국한된 개념이었다면, 이제는 자신의 가치를 실현하며 사는 사람을 의미한다는 사실을 엄마와 아이가 함께 깨달아야 합니다.

새롭게 정의한 성공적인 삶에서 가장 중요한 부분은 정서입니다. 정서가 안정되지 못한 아이는 학습뿐만 아니라 일상생활 전반에서 무기력에 빠질 가능성이 큽니다. 성공적인 삶 자체가 정서적 안정을 이룬 삶을 의미합니다. 공부를 하고 돈을 버는 것도 정서적 안정을 얻기 위해서입니다. 이 점을 깨닫지 못하고 정서적 안정을 무시하면, 아이는 곧 번아웃증후군에 시달리는 어른으로 자랄 것입니다.

기성세대가 '요즘 애들'을 두고 자주 하는 비판 중 하나는 노력이 부족하다는 것입니다. 편하게 자라서 끈기가 부족하다고 비난합니다. 하지만 더 노력해야 살아남는다는 부담이 바로 그들이 겪는 무기력의 원인입니다. 아이를 '우수한 인재'로 키우려는 부모의 뜨거운 교육열, 그럼에도 불구하고 좌절하게 만드는 취업난과 경제적 압박 등으로 청년 세대는 쉴 수 없습니다.

최근 연구에 따르면, 밀레니얼 세대(1981년~1996년 출생)는 베이비붐 세대(1946년~1964년 출생)보다 정서적 고갈에 민감하게 반응하는 것으로 알려졌습니다. 밀레니얼 세대는 인터넷, SNS 등의 범용화로 더 많이 더 자주 남과 경쟁하고 비교하는 환경에 노출되어 있습니다. 그 만큼 그 어느 세대보다 스트레스도 많이 받습니다. 그런 밀레니얼 세대가 이제 부모가 되기 시작했고, 그 밑에서 자라는 아이의 정서 문제가 더욱 중요한 이슈가 되었습니다. 정서적 자원을 가졌느냐 갖지 못했느냐가 사회생활의 성공을 판가름하게 될 날이 더 가까워진 것입니다.

사람은 정서적으로 안정되었을 때 자신의 꿈을 들여다볼 수 있고, 깊이 생각할 수 있고, 다른 사람을 돌아볼 수 있습니다. 정신적인 스트레스가 원인이 되어 각종 사건과 범죄가 끊이지 않는 시대일수록 정서적 안정은 성공적인 삶에 필수 요소로 꼭 넣어야만 합니다.

아이가 공부를 잘 하게 하려면, 친구를 잘 사귀게 하려면, 목표하는 바를 이룰 수 있게 하려면 무엇보다 아이의 정서에 관심을 기울여야 하지만, 엄마 또한 자신의 정서를 잘 돌봐야 합니다. 정서적으로 안정되지 못한 엄마 아래에서 아이의 정서가 안정될 수는 없으니 말입니다. 무엇보다 엄마의 정서는 아이의 정서를 지배합니다. 아이는 태어날 때부터 엄마의 정서를 온몸

으로 느낍니다. 그래야 살아남을 수 있기 때문에 그런 감각을 본능적으로 타고나는 것입니다.

"엄마는 꿈이 엄마였어?"

어느 광고에서 아이가 엄마에게 이렇게 묻고, 엄마는 순간 할 말을 잃습니다. 그러고는 그래, 엄마도 꿈이 있는 사람이었지, 생각합니다. 이 광고를 보며 많은 엄마의 마음이 뜨끔하기도, 시리기도 했을 것입니다. 너 때문에 꿈을 버렸다고 아이 탓을 하는 엄마도 있을지 모릅니다. 하지만 먼 훗날 아이가 자라 엄마 때문에 꿈을 포기했다고 말하기라도 한다면 엄마는 그 말을 순순히 인정할 수 있을까요.

아이에게 자신의 삶을 올인한 채 온전히 헌신하는 엄마가 많습니다. 그런데 아이는 이런 엄마가 부담스럽습니다. 우리가 아이였을 때도 '너 때문에 산다'는 엄마가 부담스러웠고, '너 때문에 참고 산다'는 엄마는 더 부담스럽지 않았나요. 그러다 아이가 커서 엄마 품을 떠날 때, '내가 너를 어떻게 키웠는데'의 신파적 대사로 다 자라서까지 독립하지 못한 존재로 만들어 버리지 않았던가요. 그때의 엄마 모습을 내가 그대로 답습하고는, 그래서 내 아이를 나와 똑같은 아이로 만들어 버리고는 나와 똑같다고 화를 내고 있지는 않은지요.

아이들은 '엄마를 사랑한다'고 말합니다. 하지만 존경하느냐고 물어보면, 선뜻 대답하지 못합니다. 엄마에게서 사랑하는 모습은 발견하고 배웠지만, 존경할 만한 모습은 찾지 못하기 때문일 것입니다. 엄마가 우리를 위해 희생하는 모습을 보며 짠하면서도 화가 치밀어 오르는 양가감정을 느꼈던 것처럼, 우리 아이도 나의 모습을 보며 똑같이 그런 감정을 느낄지도 모릅니다.

엄마가 아이를 키우면서 조급함을 느끼는 이유는 '나와는 다른 삶을 살게 하겠다'는 굳은 의지가 있기 때문입니다. 우리가 아직 어렸을 때, 우리의 엄마들도 그랬을 것입니다. 우리의 엄마들도 아이와 남편의 뒷바라지를 하면서 자신의 인생이 어떻

게 흘러가 버렸는지도 모르게 살았던 것처럼 자신의 귀한 아이는 그렇게 살게 하고 싶지 않았을 것입니다. 나는 엄마로서만 살지만, 너만큼은 엄마로서도 살고 여성으로서도 살고 한 명의 인간으로서도 살기를 바랐을 것입니다. 그 희망의 결정체가 바로 지금의 나입니다.

'엄마는 꿈이 엄마였느냐'고 묻는 것은 아이의 눈에는 엄마가 지금 엄마로서만 살고 있는 것처럼 보이기 때문입니다. 이 광고의 목적은 엄마에게 엄마로만 살지 않고 자신의 꿈을 찾으라는 데 있었을 것입니다. 나의 첫 번째 책《엄마 말고 나로 살기》도 그런 의미를 담았습니다.

행복한 사람은 자신이 이루고 싶은 꿈의 목록을 자신의 내면에 잘 정리해 놓고, 그 꿈을 향해 한 발 한 발 나아가도록 자신을 잘 조절하는 사람이라고 합니다. 내 아이를 행복한 사람으로 키우고 싶다면 꿈의 목록을 잘 작성하고 차근차근 실천하는 사람으로 만들어야 한다는 뜻입니다. 그렇다면 그런 모습을 아이는 누구에게서 배워야 할까요?

발달 심리학에서는 노인도 매일 발달하는 존재라고 말합니다. 매일 새로운 피부가 만들어지고, 매일 새로 머리카락이 난다는 것입니다. 단지, 쇠퇴가 발달보다 더 빠른 속도로 진행되는 것뿐이지 사람은 매일 그렇게 발달합니다. 노인도 매일 겪는 발달을 아직 젊은 우리는 순간순간 더 빠른 속도로 겪고 있습니다.

요즘은 제2의 인생을 찾아 나서는 노인도 많아졌습니다. 70세가 넘는 할머니 모델이 등장하고, 60세가 넘어 동화 작가로, 시인으로 데뷔했다는 이야기가 여기저기서 들립니다. 그렇다면 왜 그보다 일찍 꿈을 이루지 못하는 것일까요? 할머니도 하는 일을 왜 내가 이 나이에 할 수는 없는 것일까요? 굳이 아이를 다 키우고 나서 나의 꿈을 찾겠노라고 선언할 필요가 있을까요? 엄마가 먼저 꿈을 증명하지 않고서 아이에게만 꿈의 무게를 더하라고 말하는 엄마의 마음은 얼마나 모순적인가요?

엄마가 공부하면 아이에게 공부하라는 말을 따로 할 필요가 없고, 엄마가 책을 읽으면 아이에게 굳이 책을 읽으라고 할 필요가 없습니다. 엄마가 그 자체로 아이에게는 따라할 만한 모델이기 때문입니다. 꿈도 마찬가지입니다. 엄마가 먼저 꿈을 꾸고 그 꿈을 이루는 모습을 보인다면 아이에게 꿈을 꾸라고 강요하지 않아도 알아서 꿈을 꾸게 될 것입니다. 꿈을 꾸는 엄마 밑에서는 꿈이 뭔지도 모르는 아이는 결코 있을 수 없습니다. 아이에게 최고의 교재는 엄마이고, 엄마여야 합니다.

가족이 함께 하는 일과 자신이 홀로 하는 일이 적절히 섞여 있으면 엄마의 삶에 생기가 돕니다. 물론, 육아와 일을 병행하는 것이 싫고 힘든 엄마는 예외입니다. 일하러 가고 꿈을 찾는 것이 스트레스이고 죄책감마저 드는데, 꿈을 찾아야 하고 꿈을 증명해야 한다며 자신의 욕구를 무시한 채 사회생활을 하는 것은 또 다른 자기기만일 뿐입니다.

엄마가 먼저 아이에게 꿈을 증명하라는 것은 '네가 먼저 증명해 봐!'가 아닙니다. '당신도 못 하면서 왜 아이에게 하라고 하느냐'도 아닙니다. 꿈을 이루는 여정을 아이가 관찰하게 하고, 꿈을 꾸는 것 자체가 활력이기 때문입니다. 그 활력 넘치는 생활과 꿈의 가치를 아이에게 유산으로 물려주라는 것입니다. 자기희생을 대물림하지 말고 꿈을 대물림하라는 의미입니다.

자아 복합성이라는 용어가 있습니다. 나에게는 엄마로서의 나, 아내로서의 나도 있지만, 인간으로서의 나도 있습니다. 전업주부로만 사는 사람과 자신의 일을 가진 사람의 자아 복합성은 당연히 범위가 다르고 아이에게 올인하거나 관심을 집중시키는 정도도 다릅니다. 그리고 아이의 문제에만 매몰되지 않고 거기에서 빨리 벗어날 수 있는 정도도 서로 다릅니다.

결혼하고 나서, 아이를 낳고 나서 자신의 인생을 새롭게 꾸리는 엄마도 많습니다. 꿈이 단지 엄마로 사는 것이 아니었는데 엄마로만 살고 있다면, 지금부터라도 아이와 함께 꿈을 찾고 이루는 연습을 해 보는 것이 어떨까요. 아이는 그런 엄마를 자랑스러워합니다. 그러면 아이와 나누고 이야기할 거리도 분명 더 많이 생길 것입니다.

심리학에는 거울 뉴런 효과라는 것이 있습니다. 내가 보는 사람의 모습이 곧 나의 모습이 될 수 있는 이유는 이 거울 뉴런 효과 때문입니다. 어떤 사람을 자주 보면 그 사람을 닮아 가는 것입니다. 엄마와 딸의 몸매가 비슷한 것도, 친한 친구끼리 닮아 보이는 것도 거울 뉴런 효과 때문입니다. 엄마가 먼저 꿈을 꾸고 이루는 것의 중요성은 이 거울 뉴런 효과로 충분히 설명할 수 있습니다. 아이가 늘 바라보는 엄마가 아이에게는 거울이기 때문입니다.

사람은 저마다 타고나는 기질이 있습니다. 조화 적합성(Goodness of Fit)에 따르면, 아이는 기질에 따라 순한 아이, 까다로운 아이, 느린 아이로 나눌 수 있습니다.

순한 아이는 남의 말을 잘 따르고 정해진 규칙을 잘 지킵니다. 그만큼 남에게 이끌려 다니는 아이가 될 수 있으므로 자율성을 확대하고 자기 결정력을 높여 주는 데 신경을 써야 합니다. 까다로운 아이는 자신의 주장이 강하고 하고 싶은 일은 아무리 막아도 해야 직성이 풀립니다. 따라서 세상 사람들이 모두 아이에게 맞춰 주지 않는다는 사실을 알게 할 필요가 있습니다. 즉 세상과 조화를 이루는 법을 알려 주고 선택의 폭을 적절히 조절해 주는 과정이 필요합니다. 느린 아이의 경우에는 남들보다 더 느린 속도로 자신만의 일을 하는 경향이 있으므로 과업을 수행할 때 시간에 제한을 둬서 좀 더 빨리 할 수 있게 하되, 속도 개념에 대해서는 유연성을 가지게 해야 합니다.

이중 어떤 기질의 아이가 더 좋고 나쁜 것이 아닙니다. 물론 키우기에 좀 더 수월하거나 좀 더 힘이 드는 아이가 있을 수는 있습니다. 하지만 아이의 타고난 기질과 엄마의 양육 태도, 그리고 자라는 환경에 따라 성격이 형성되기 때문에 양육 방식도 이 기질에 맞춰 달라져야 합니다. 물론 여기에는 생활습관을 비롯해 여러 배움과 경험, 진로가 포함됩니다.

부모와 아이의 조화 적합성, 즉 흔히 말하듯 궁합이 잘 맞으면 좋습니다. 만약 활달하고 호기심이 많은 아이와 매사에 소극적이고 무기력한 부모가 만난다면 이는 서로를 받아들이기 힘든 조건이 됩니다. 서로의 기질과 성격을 이해하지 못해 답답해하고 그로 인해 갈등이 발생하기 때문입니다. 이럴 때는 부모 중에서 아이와 좀 더 비슷한 기질을 가진 쪽이 아이와 대화를 나누거나 함께 문제를 해결하는 것이 좋습니다. 한 명과는 충돌을

일으키더라도 다른 한 명은 그 사이를 중재하고 완충하는 역할을 하는 것입니다.

그렇다고 해서 궁합이 맞는 부모 중 한쪽만 아이와 계속해서 소통하는 것은 옳지 못합니다. 사회생활을 하자면 나와 기질이 맞지 않는 사람과도 지내야 합니다. 어떤 사람은 너무 비슷해서, 또 어떤 사람은 너무 달라서 힘든 것이 인간관계입니다. 따라서 가정에서 먼저 인간관계를 다루고 갈등을 해결하는 방법을 배우면 먼 훗날 사회생활을 하면서도 갈등을 잘 다룰 수 있게 됩니다.

무엇보다 양육의 주도권은 엄마에게 있지 아이에게 있는 것이 아니라는 사실을 잊지 말아야 합니다. 따라서 아이와 엄마가 너무 기질이 달라서 혹은 너무 기질이 같아서 충돌을 일으키는 경우에는 엄마가 조금 더 인내심을 갖고 기다려 주는 자세를 가져야 합니다. 실제로 까다롭고 예민한 기질을 가진 아이에게 인내심을 가지고 적절한 규칙을 제시했더니 아동기나 청소년기에 까다로운 기질이 줄어들고 더 이상 문제 행동도 보이지 않았다는 연구 결과가 있습니다.

평생을 내가 나 자신을 데리고 살았지만, 자신의 기질을 정확히 파악하지 못하는 사람도 많습니다. 모험심이라고는

눈을 씻고 찾아봐도 없는 것 같은 사람이 기질 테스트를 하고 나서야 대단한 모험심을 타고났다는 것을 알기도 합니다. 아마도 엄마가 양육하는 과정에서 모험심을 모두 잘라 놓은 경우일 것입니다. 세상은 위험하다고 믿는 엄마가 아이를 위험한 세상에 내놓기가 두려웠던 탓에 어떤 모험도 하지 못하는 아이로 자라게 한 것입니다. 혼자서는 옆 동네에도 가지 못하게 했으니 아이의 모험심은 잘려 나갈 대로 잘려 나간 것이 당연했습니다.

하지만 그럼에도 불구하고 내가 나를 모르는 순간에도 엄마는 그 누구보다 나를 잘 아는 존재입니다. 내가 나에 대해 애정을 갖지 못한 순간에조차 엄마는 끝없는 애정으로 나를 지켜봐 줍니다. 태어난 순간부터 늘 그랬습니다. 이것은 엄마가 된 나도 마찬가지입니다. 혹여 내가 엄마가 돼서 내 아이를 도통 모르겠다는 생각이 들지라도 애정으로 관찰하다 보면 차츰 아이를 이해할 수 있습니다.

가끔 자신을 싫어하는 아이가 있습니다. 자신이 너무 못나 보이고, 자신의 작은 흠을 과하게 크게 보고, 그래서 자신을 애써 바꾸고 싶어 합니다. 자기가 정해 놓은, 혹은 남이 좋다고 말하는 모습이 되려고 합니다. 특히, 사춘기를 혹독하게 겪고 있는 아이

에게 이런 모습은 더 부각되어 드러납니다. 평소 아이에게 관심과 애정을 가지고 바라봐야 하는 이유입니다.

요즘 아이들은 우리가 어렸을 때보다 책을 읽을 시간도, 친구와 함께 마음 놓고 뛰어놀 시간도 없습니다. 몸의 움직임과 활동이 최소화된 공간에서 하루하루를 지냅니다. 화합과 조화보다 시험과 경쟁을 먼저 배웁니다. 아이들이 스트레스에 취약해지고 정신적 고통에 시달리기 딱 좋은 구조입니다. 초등학교에서부터 패배를 배우고 무기력에 시달립니다. 이런 상태에서는 꿈을 말한다는 것, 꿈을 갖는다는 것 자체가 사치입니다.

이제 겨우 초등학생인데 벌써부터 '이생망(이번 생은 망했어)'을 이야기하는 아이는 얼마나 불행한가요? 그러한 불행을 막기 위해 엄마가 아이의 이야기를 들어주고 긍정성을 발견해 줘야만 합니다. 그리고 그 긍정성을 먼 훗날의 언젠가로 미루지 않고 지금 발현할 수 있도록 용기를 북돋워 줘야 합니다. 지적하지 않고 공감해 줘야 합니다. 아이는 엄마의 공감을 잃는 순간 엄마도 잃습니다. 차가운 현실에 나 혼자 있는 듯한 외로움을 느낍니다. 내 아이를 사회에 만연하는 심리적 위험 요인으로부터 지켜 내기 위해서는 기꺼이 아이의 이야기를 들어줘야 합니다.

내가 무엇이 되고 싶고 무엇을 하고 싶다면 그 자체로 존중받아 마땅합니다. 결코 남과 비교할 필요가 없습니다. 남이 무엇을 한다고 해서 내가 그것을 따를 필요도 없고, 남이 하지 않는다고 해서 내가 개척하지 않아야 할 이유도 없습니다. 타고난 기질에 맞게, 자신의 속도로 갈 때 아이는 안정감과 자유로움을 느낍니다. 그렇게 엄마가 아이의 기질과 속도를 배려하고 적절한 애정을 보여 준다면, 아이는 결코 실패한 어른으로 자라지 않을 것입니다.

아이에게 관심을 가지고 어린 시절부터 애착을 경험하게 하는 엄마는 모두 훌륭한 양육자입니다. 아이의 관심과 욕구를 제대로 파악하고 감성을 담아 전달하는 의사소통 기술을 익힌다면 최고로 훌륭한 엄마이자 인생 진로 코치가 될 수 있을 것입니다.

엄마표 진로 코칭 Check Point!

- ○_ 아이의 양성성을 길러 주는 것은 창의력, 공감 능력, 통합 능력을 높이는 일이며, 아이의 세계를 확장하는 길이다.
- ○_ 성공적인 삶을 다시 정의해야 한다. 우리가 이토록 치열하게 사는 이유는 모두 정서적인 안정을 위해서이지만 치열한 삶이 오히려 우리의 정서를 해치는 아이러니를 겪는다. 아이의 정서가 안정된다면 아이의 학습 능력이 올라가는 것은 물론 풍요로운 삶을 누릴 수 있다. 그의 전제 조건은 엄마의 정서적 안정이다.
- ○_ 엄마도 자신의 꿈을 이루는 과정을 아이에게 보여 줌으로써 훌륭한 롤모델이자 거울이 되어 줄 수 있다.
- ○_ 아이의 기질 그 자체를 인정하고, 갈등을 해결하려 노력하며, 소통하고 응원하는 당신은 이미 훌륭한 인생 코치이다.

· 부록 ·

엄마가 꼭 알아야 할 내 아이 체크 리스트

1. 내 아이의 직업 성향 테스트

아이의 성향을 파악하기 위한 문장들입니다. 주어진 문장에서 '이상적인 나'가 아니라 '있는 그대로의 나'에 체크할 수 있도록 아이를 응원해 주세요. 다소 어려운 문장과 보기는 엄마의 말로 다시 설명해 주세요. 평소 엄마와 아이가 함께 답을 찾아보는 것도 좋습니다. 질문의 결과를 통해 내 아이가 남과 협업해서 일하는 것을 좋아하는 아이인지, 독립적으로 일하는 것을 좋아하는 아이인지 짐작하고 아이의 성향을 직업과 연관시켜 볼 수 있습니다. 그리고 아이의 부족한 부분을 보완하거나 건설적인 용도의 자료로 활용해 보세요.

1. 나는 ____________________ 이 좋다.

□ 무엇이든 그대로 유지되는 것

□ 변화와 새로운 것

2. 처음 만나는 사람을 보면 어떤 기분이 드나요?

□ 새로운 만남을 시작하는 것은 매우 흥미로운 일이며, 어떤 사람과도 이야깃거리가 있다.

□ 나는 모르는 사람들과 함께 있는 것이 불편하고 익숙하지 않다. 어떤 사람들은 내가 내성적이라고 생각하기도 한다.

3. '해야 할 일 목록'을 작성하는 것을 좋아하나요?

□ 좋아한다.

□ 별로 좋아하지 않는다.

4. 다른 사람들은 나를 알기 쉬운 사람이라고 생각하나요?

□ 매우 알기 쉬운 사람이라고 생각한다.

□ 쉽게는 알지 못한다.

5. 관심을 받는 느낌은 어떠한가요?

□ 나는 관심의 중심이 되는 것을 즐긴다. 스포트라이트 받는 것이 좋다.

□ 나는 관심의 중심이 되는 것을 피하는 편이다.

6. 나는 말할 때 생각하며 말을 하나요, 아니면 생각을 한 후에 말을 하나요?

□ 생각하며 말한다.

□ 생각한 후 말한다.

7. 나는 말을 잘 하나요?

□ 매우 잘 하는 편이다.

□ 나는 타인과 오래 이야기하는 것을 좋아하지 않는다.

8. 나는 어떤 사람과도 수다를 떨 수 있나요?

□ 나는 언제 어디서나 누구와도 열정적으로 대화할 수 있다.

□ 나는 일대일 대화나 작은 범위 내에서 이야기하는 것을 선호한다.

9. 친구를 사귀는 성향은?

□ 나는 일명 마당발이라고 할 수 있을 만큼 아는 사람과 친한 사람이 많다.

□ 나는 소수의 사람들하고만 친하게 지내고, 친구를 사귈 때 매우 조심하는 편이다.

10. 나의 관심사는?

□ 더 큰 외부 세계에 있다.

□ 나만의 세계에 있다. 나는 꽤 긴 시간을 자기반성을 하는 데 보낸다.

11. 일상생활에서든 학교에서든 나는 ____________ 이(가) 더 좋다.

□ 팀워크(많은 사람들과 함께 토론하고 함께 일하는 것에서 큰 편안함을 느끼는 것)

□ 내가 할 수 있는 일은 최대한 스스로 하고 나만의 공간과 나만의 자유를 느끼는 것

12. 나의 취미는?

□ 매우 다양하다. 무엇에든 조금씩 다 관심이 있다.

□ 적다. 나는 한 가지 혹은 소수에만 집중하는 것을 좋아한다.

13. 내가 더 믿는 것은?

□ 사실과 정확하고 뚜렷한 정보.

□ 나의 직감과 영감, 상상력과 통찰력.

14. 나는 어떤 사람인가요?

□ 나는 상상하는 것을 좋아한다. 현실보다 종종 머릿속의 다른 생각들에 심취되곤 한다.

□ 나는 착실하고 진지하며, 꿈을 꾸는 데 많은 시간을 할애하지는 않는다.

15. 만약 현실적인 한계가 없다면, 나는 어떤 일을 더 선호할까요?

□ 나는 복잡하고 추상적인 이론을 연구하기보다는 구체적인 업무를 완성하는 것이 더 좋다.

□ 나는 반복적인 일보다는 연결성, 추세, 가능성 등을 발견하고 분석하는 것을 좋아한다.

16. 나는 어떠한 방식으로 무언가를 이해하고 설명하나요?

□ 나는 그 자체의 실제 상황에 따라 이해하고, 환원하고, 묘사하기를 좋아한다. 나는 "그것이 어떻게 왔는가"가 더 중요하다.

□ 나는 은유하고 비유하는 것을 좋아하고, "그것은 아마 어떠할 것이다"에 초점을 맞춘다.

17. 나는 어떠한 사람인가요?

□ 나는 정밀한 것을 좋아하는 뛰어난 관찰자이다. 나는 내 주변에 있는 실마리를 관찰하고 기억할 수 있다.

□ 나는 자유롭게 미래를 상상할 수 있는 것을 좋아한다. 언제나 나만의 규율을 찾으며 지루한 디테일은 싫다.

18. 나는 무엇을 하기를 좋아하나요?

□ 나는 나의 능력을 이용하고 발전시키는 것이 좋다. 나는 가구를 해체하고 다시 조립하거나, 기계를 제조하거나, 직접 공예품을 만드는 등 몸소 체험하고 실천하는 일을 좋아한다.

□ 나는 내가 기존에 가지고 있는 능력에 만족하지 못하고 언제나 새로운 아이디어나 창조적인 방법을 기획하고 시도한다.

19. 내가 더 중요하게 여기는 것은?

□ 경험. 체험해서 몸으로 느끼기.

□ 추론. 사물의 깊은 의미 찾아내기

20. 남이 하는 말을 들을 때면?

□ 나는 다른 사람의 암시나 은유 등을 잘 이해하지 못한다.

□ 나는 말의 숨은 뜻을 쉽게 이해한다.

21. 나의 생활 방식은?

□ 현재를 즐기고 현재에 만족한다.

□ 항상 더 큰 미래를 꿈꾼다.

22. 내가 어떤 것을 이해할 때

□ 상대방이 구체적인 예와 함께 실제로 응용하는 법을 이야기해 주기 바란다.

□ 나는 어떠한 추상적인 이론을 신속히 이해하는 것이 좋다. 나에게 설명을 상세하게 하거나 과도하게 묘사하는 것은 지루할 뿐만 아니라 시간 낭비로 느껴진다.

23. 나는

□ 전체가 아닌 디테일을 본다.

□ 디테일이 아닌 전체를 본다.

24. 나는 토론을 좋아하나요?

□ 좋아하지 않는다. 누군가와 충돌하거나 남에게 상처주는 것이 두렵다.

□ 좋아한다. 나는 나의 주장을 펼치고 내 관점을 방어하는 것을 좋아한다.

25. 나는 어떠한 사람인가요?

□ 나는 강한 동정심, 자상함, 열정을 가지고 있다. 사람들이 나를 보고 너무 감상적이라고 말하기도 한다.

□ 나는 냉정하고 이성적이다. 남의 감정이나 누가 무엇을 필요로 하는지 알지 못한다.

26. 나의 생각을 표현할 때

□ 남이 어떻게 생각할지가 매우 중요하다. 그래서 언제나 남들이 나의 생각을 마음에 들어 하지 않을까봐 걱정된다.

□ 나는 직접적인 내 생각을 솔직하게 이야기한다. 다른 사람들의 생각이 나와 같은지는 중요하지 않다.

27. 다른 사람과 함께 지낼 때

□ 나는 그들의 생각과 아이디어가 매우 흥미롭지만, 그들의 감정이나 기분에는 별로 민감하지 않다.

□ 그들은 나에게서 따뜻함과 위로를 찾아가곤 한다. 나 역시 그들에게 작게나마 힘이 되면 좋겠다고 생각한다.

28. 나를 표현할 때

□ 나는 나의 감정을 노출하는 것을 좋아한다.

□ 내가 무엇을 필요로 하는지 입을 열기가 어려울 때가 있다. 특히 다른 사람과 의견 충돌이 있을 때면 나 자신을 희생시키기도 한다.

29. 표현할 때 가장 중요한 것은 무엇인가요?

□ 솔직함이 융통성보다 더 중요하다.

□ 융통성이 진실보다 더 중요하다. 하나의 생각을 표현하기 위해서 괜히 분위기를 깰 필요는 없다.

30. 남의 눈에 나는

□ 나만의 생각이 뚜렷하고 다른 사람이 어떻게 생각하든 별로 신경쓰지 않는 사람이다.

□ 친절하고 착하며 다른 사람의 생각을 많이 신경 쓰는 사람이다.

31. 내가 더 좋아하는 것은 무엇인가요?

□ 더 많은 정보를 얻은 후에 결정하는 것. 언제나 신중하게 생각하고 행동하기. 새로운 무언가를 생각할 때 기쁘고 흥분된다.

□ 신속한 결정과 완성. 무언가가 해결이 안 된 채로 남아 있는 것은 싫다. 모든 것을 끝내야만 편안함을 느낀다.

32. 나는 ________________ 고 생각한다.

□ 물건을 정리하지 않고 아무렇게나 놓는 것이 편하다

□ 어떤 물건이든 각자 있어야 할 자리가 있다

33. 무언가를 할 때

□ 미리미리 해 놓는 것이 편하다.

□ 마감일이 다가올 때가 되어서야 시작한다. 가끔은 마감일 전에 끝내지 못할 때도 있다.

34. 시간을 지키는 것은 중요한가요?

□ 중요하다.

□ 그렇게 중요하지는 않다.

35. 나는 어디에서 힘을 얻나요?

□ 다른 사람을 만나 이야기할 때.

□ 혼자 있을 때.

36. 나는 계획 짜는 것을 좋아하나요?

□ 좋아한다.

□ 그렇게 좋아하지는 않는다.

37. 해야 할 일과 노는 것에 대한 나의 태도는?

□ 나는 해야 할 일을 모두 마친 후에 노는 것이 좋다.

□ 해야 할 일을 하면서 틈틈이 쉬거나 논다.

2. 내 아이의 기질 테스트

너무 깊게 생각하지 말고 머뭇거리지 않고 마음이 움직이는 대로 솔직하게 체크하도록 합니다. 각 문항에 대한 점수를 빈 칸에 적고, 네 개 문항에 대한 합을 오른쪽에 있는 소계에 기입하세요.

번호	특징	그렇다 (2점)	보통 (1점)	아니다 (0점)	소계
1	나는 낙천적인 편이다.				
2	나는 다른 사람들에게 친절하다.				
3	나는 의지가 약하다.				
4	나는 친구가 많고 많은 사람과 이야기하는 것을 좋아한다.				
5	나는 결정한 것을 바로 행동으로 옮긴다.				
6	나는 휴가 중에도 일을 구상한다.				
7	나는 책임감이 강하다.				
8	나는 폭력적인 면이 있다.				
9	나는 생활의 변화를 싫어한다.				
10	나는 날카로운 분석력을 갖고 있다.				
11	나는 생각에 질서가 있고 논리적이다.				
12	남에게 비난을 받으면 표현하지 않지만 마음에 깊은 상처로 남는다.				

13	행동이 느리다.				
14	복잡한 것보다 단순한 것을 좋아한다.				
15	주로 남의 이야기를 듣는 편이다.				
16	다른 사람에게 태평한 인상을 준다.				
17	재미있는 일이 없을까 궁리하는 편이다.				
18	남에게 나의 사정과 입장을 잘 이해시킨다.				
19	나는 이야깃거리가 많은 편이다.				
20	낯선 사람과 쉽게 친해진다.				
21	다른 사람의 고통이나 슬픔에 무관심한 편이다.				
22	통이 크고 대범하다.				
23	어려운 일을 만나도 잘 적응하며 극복한다.				
24	생활 속에서, 대화에서 고정관념에 얽매이지 않는다.				
25	내 방은 정돈이 잘 되어 있다.				
26	때로 흥분하면 누구보다도 열정적이고 활발한 사람이 된다.				
27	기계나 물건을 고치고 수리하는 데 재주가 있다.				
28	사람과 사건에 대해 예리한 비판을 한다.				

29	좀처럼 화를 잘 내지 않는다.				
30	친구 수는 적지만 깊게 사귀는 몇 명이 있다.				
31	매사에 의욕이 없다.				
32	말이 없고 조용하다.				
33	약속을 자주 어긴다.				
34	다른 사람이 나에게 기분 나쁘게 한 일들을 쉽게 잊어버린다.				
35	화를 잘 내기도 하지만 쉽게 풀린다.				
36	비밀 유지를 잘 못 한다.				
37	예술을 감상하는 생활과는 거리가 멀다.				
38	한 가지 일을 착수하면 일의 성취 여부만 생각하기 때문에 참여하는 사람의 감정을 상하게 할 수 있다.				
39	일거리가 생기면 즉시 그 자리에서 해야만 직성이 풀린다.				
40	무책임하거나 게으른 사람들을 보면 화가 난다.				
41	성격이 꽁한 편이다.				
42	사람들이 모여서 소곤소곤 말하면 나를 흉보는 것 같다는 생각을 한다.				
43	무슨 일을 해 나갈 때에 낙관보다는 비관적인 견해를 말한다.				
44	내가 저지른 실수를 스스로 잘 용서하지 못한다.				

45	법과 원칙에 맞지 않아도 '아니오'라는 말을 잘 하지 못한다.	
46	일을 하다가 위험한 상황이 벌어지면 방관한다.	
47	게으르고 태만할 때가 많다.	
48	다른 사람을 부드럽게 감싸 주고 위로한다.	
49	즉흥적으로 여러 가지 계획을 세우지 못한다.	
50	많은 사람들 앞에서 잘 떠든다.	
51	한 가지 일을 끝까지 하기가 힘들다.	
52	다른 사람이 볼 때면 신이 나서 하지만 안 보면 기운이 빠진다.	
53	자부심과 독립심이 강하다.	
54	어떤 일에 대해 섬세하게 분석하는 것을 싫어한다.	
55	다른 사람과 다툴 때, 폭력으로 해결하고 싶을 때가 자주 있다.	
56	어떤 단체나 모임을 만들기 좋아한다.	
57	다른 사람 눈치 때문에 하고 싶은 일을 주저한다.	
58	행복했고 즐거웠던 지난 일을 자주 회상한다.	
59	규칙과 절도가 없는 것을 싫어한다.	
60	혼자서 묵묵히 주어진 일을 완수한다.	

61	다른 사람이 어떤 일에 같이 참여할 것을 제안하면 선뜻 나서지 않고 주로 사양한다.					
62	다른 사람이 하는 일에 무관심하다.					
63	옳지 못한 상황에서도 비교적 잘 참는다.					
64	다른 사람이 강하게 부탁하면 거절하지 못한다.					

기질 채점표

검사지에서 네 개 문항별로 점수를 더한 소계를 아래 빈 칸의 해당란(진한 칸)에 적어 넣으세요. 표의 제일 아래 칸에 있는 합계란에 세로로 기질 점수 합계를 기록하세요. 가장 높은 점수가 나온 것이 바로 내 아이의 기질입니다.

번호 / 기질	다혈질	담즙질	우울질	점액질
1, 2, 3, 4				
5, 6, 7, 8				
9, 10, 11, 12				
13, 14, 15, 16				
17, 18, 19, 20				
21, 22, 23, 24				
25, 26, 27, 28				
29, 30, 31, 32				
33, 34, 35, 36				
37, 38, 39, 40				
41, 42, 43, 44				
45, 46, 47, 48				
49, 50, 51, 52				
53, 54, 55, 56				
57, 58, 59, 60				
61, 62, 63, 64				
합계				

네 가지 기질에 대한 설명

다혈질

- 외향적이어서 친구를 금방 사귄다. 남에게 쉽게 먼저 말을 걸고 밝은 음성으로 다가선다.
- 이들이 살고 있는 방은 대체로 어수선한 느낌을 준다. 성격 역시 다소 부산하다. 그래서 자료를 정리해 두는 법이 없지만 어지러운 가운데서도 잘 찾아낸다.
- 식당에 가면 이것도 먹고 싶고 저것도 먹고 싶어서 음식을 주문해 놓고도 곧잘 후회한다.
- 쇼핑을 할 때는 미리 메모하지 않는다. 즉흥적인 면이 있지만 자기 주도적이어서 일을 잘 추진한다.
- 무슨 일에든 일단 뛰어들고 보는 행동주의자이다. 생각을 골똘히 하기보다 먼저 일을 벌려 놓고 본다.
- 집 안에서보다 집 밖에서 재미있는 사람으로 인정받는다. 대체로 남의 주목을 받는 사람이다.
- 어떤 일이 잘못되었을 때 그 원인을 자신의 밖에서 찾는 성향이 있으므로 남에게 그 탓을 돌리기 쉽다.

장점

- 유쾌, 통쾌, 상쾌하여 집단에서 두드러지며 인기가 있다.
- 창의력과 함께 풍부한 감정을 소유하고 있다.
- 웃음과 유머를 즐길 줄 안다.
- 높은 적응력으로 일을 잘 추진한다.
- 흔히 남자다운 성품이라고 인식된다.

단점

- 성격이 치밀하지 못해 실수를 자주 한다. 좀 더 세밀하고 세심함이 요구된다.
- 무절제한 면이 있고 의지가 강한 듯하지만 사실은 약한 편이다.
- 주위 사람에게 허풍이 심한 것으로 인식되기 쉽고 일 처리에 너무 감정적으로 접근하다가 낭패를 당하기 쉽다.

담즙질

- 자기주장이 분명하고 고집이 센 편이다. 다른 사람이나 상황에 대해 쉽게 단정 짓는다.
- 감정이 풍부한 편은 아니어서 눈물을 보이는 일이 거의 없다. 음악

감상이나 미술 등에 거의 무관심하다.

- 일 처리가 빠르고 능숙하여 '난 어디에 내놔도 살 수 있다'는 생각을 한다.
- 인간관계보다 일을 좋아한다. 따라서 사람에 대해 따스한 관심을 보이기보다 주어진 과업을 잘 이루어 나간다.
- '나 같으면 이런 식으로 하겠다' 식의 생각을 많이 한다.
- 여자라면 가정주부의 자리에 만족하지 못하고 직장을 통해 자아를 성취하고 싶은 강한 욕구를 갖는다.
- 시키지 않아도 확실하게 일 처리를 잘하여 타인으로부터 능력을 인정받는다.
- 외향적인 성격이지만 차갑게 보이며 독립심과 의지가 강하다. 목표를 향해 나아갈 때 장애물을 생각하지 않고 힘차게 돌진한다. 희망적인 계획을 잘 세우고 스케일이 크다.

장점

- 의지가 강하며 지도자형이다.
- 단호하게 일을 잘 추진해 나간다.

단점

- 다소 성급하거나 교만해 보인다.
- 냉정한 표정으로 빈정거릴 수 있다.
- 화를 잘 내는 편이므로 분노감을 다스리는 훈련이 필요하다.

우울질

- 치밀하고 예민하다. 어떤 상황과 일에 대해 마음속에 주관을 갖고 임하며 그 결과를 잘 예측한다.
- 사고형으로서 사과가 떨어지면 '사과가 왜 떨어질까?'를 생각하는 형이다.
- 어떤 일을 시작하면 시간은 좀 오래 걸려도 뒤처리가 깔끔하다.
- 일을 하면 원래의 계획대로 해야 마음이 편하고 도중에 바꾸는 것을 좋아하지 않는다.
- 약속을 철저하게 지키고 약속을 어겼을 경우 심한 죄책감을 느낀다.
- 어떤 집단의 상황이 어려워지거나 일이 잘 풀리지 않을 때, 그 이유를 자기 탓으로 돌리는 경향이 있다.
- 잘 안 웃기 때문에 표정이 굳어 있고 입 꼬리가 내려가 있는 사람이 많다.

- 마음속으로는 다 헤아리고 있지만 표현을 잘 하지 않는다. 대신 글을 쓰면 내용이 길고 자세하고 분석적이다.
- 내성적이지만 한 번 마음먹으면 남을 잘 설득하는 면도 있다.
- 참을성이 많은 편이다. 오랜 시일을 두고 꾸준히 하는 일에 강하다. 오래 견디면서 공부하는 것을 잘 한다.

장점

- 근면하며 자기 절제를 잘하여 신사적으로 보인다.
- 천부적 재능을 많이 갖고 있으며 특히 예술적 감성이 있다.
- 분석적인 면도 강하여 상황 판단이 정확하다.

단점

- 너무 원칙을 앞세워 까다로운 사람이 되기 쉽다.
- 행동이 느려서 답답함을 준다.
- 어떤 일이 잘못되었을 때 지나치게 실망하며 자학하기 쉽다.
- 부정적인 면이 강하므로 세상을 밝고 긍정적으로 볼 필요가 있다.
- 다소 무뚝뚝해 보여 남이 친근감을 갖고 다가가기 어렵다는 말을 듣는다.

점액질

- 성격이 모나지 않아서 남에게 호감을 주는 편이다. 편한 자세로 누워서 음악을 듣거나 공상하기를 좋아한다.
- 매우 태평하고 낙천적이다.
- 어떤 일 앞에서 망설이는 시간이 많고 걱정이 많은 편이다. 야망이 없어 보이고 개척 정신이 부족한 편이다. 그러나 문제를 일으키거나 좀처럼 화를 내는 법이 없다.
- 주변에 친구가 많고 유머 감각도 풍부한 편이다. 불쌍한 사람을 잘 도와준다.
- 사람 사이의 갈등을 잘 조정하여 화해시키는 역할을 잘 감당한다.
- 타고난 재능이 많아 인내와 노력을 좀 더 기울여 잘 계발시킬 필요가 있다.
- 자기 주관이 없고 친구 따라 강남 가는 형이다. 약속 시간에 조금 늦은 듯 가야 마음이 편안한 형이다.

장점

- 착하고 양보심이 많은 평화주의자이다.
- 이해심이 많아 남에게 좋은 친구가 되어 주며, 집단 내에서는 충성심이 있어 훌륭한 직원이 될 수 있다.

단점

- 게으르고 우유부단하게 보인다.
- 꿈이 없고 일에 대한 애착이 부족한 편이다.
- 겉으로는 태평스러워 보이지만 마음속으로는 걱정이 많은 편이다.

3. 내 아이의 시험 불안 검사

번호	내용	그렇지 않다	거의 그렇지 않다	가끔 그렇다	대체로 그렇다	매우 그렇다
1	시험지를 받고 문제를 훑어볼 때 나도 모르게 걱정이 앞선다.	1	2	3	4	5
2	시험공부가 잘 안 될 때 짜증이 난다.	1	2	3	4	5
3	시험 문제의 답이 알쏭달쏭하고 생각나지 않을 때 준비를 더 열심히 하지 않은 걸 후회한다.	1	2	3	4	5
4	부모님이 시험이나 성적에 관해 물어볼 때 겁을 먹고 어찌할 바를 모른다.	1	2	3	4	5
5	친구들과 답을 맞춰 보면서 얘기를 나눌 때 나보다 친구들이 더 좋은 점수를 받았다는 생각에 시달린다.	1	2	3	4	5
6	시험 치기 직전 책이나 참고서를 봐도 머리에 잘 안 들어온다.	1	2	3	4	5
7	시험지를 받았을 때 가슴이 두근거릴 정도로 긴장된다.	1	2	3	4	5
8	시험지를 제출할 때 혹시 표기를 잘못하지 않았나 신경이 쓰인다.	1	2	3	4	5
9	시험 치기 전 날 신경이 날카로워 소화가 잘 안 된다.	1	2	3	4	5
10	답안지에 답을 적는 순간에도 손발이 떨린다.	1	2	3	4	5
11	시험 문제를 푸는 도중에 잘못 답하지 않았나 걱정을 하며 애를 태운다.	1	2	3	4	5

12	시험을 치다가 시간이 부족하다는 걸 느꼈을 때 허둥대고 당황한다.	1	2	3	4	5
13	시험이 끝나고 집으로 돌아갈 때 허탈하다.	1	2	3	4	5
14	시험 문제가 어렵고 잘 풀리지 않을 때 가슴이 답답하다.	1	2	3	4	5
15	시험 날짜와 시간표가 발표될 때 시험 걱정 때문에 마음에 여유가 없어진다.	1	2	3	4	5
16	시험공부를 다 하지 못하고 잠이 들었다 깼을 때 눈앞이 캄캄하고 막막하다.	1	2	3	4	5
17	틀린 답을 썼거나 표기를 잘못했을 때 가슴이 몹시 조마조마해진다.	1	2	3	4	5
18	선생님이 시험 점수를 불러 주실 때 불안하고 초조하다.	1	2	3	4	5
19	자신 없거나 많이 공부하지 못한 과목의 시험을 칠 때 좌절감을 느낀다.	1	2	3	4	5
20	부모님께 성적표를 보여 드리기가 두렵다.	1	2	3	4	5
21	시험공부를 아무리 많이 해도 시험 기간만 되면 초조하다.	1	2	3	4	5
22	혹시 틀리지 않을까 하는 생각 때문에 주의 집중이 안 된다.	1	2	3	4	5
23	시험을 치고 난 다음에도 시험 걱정을 한다.	1	2	3	4	5
24	몹시 긴장해서 아무것도 생각나지 않을 때가 있다.	1	2	3	4	5

25	부모님이나 선생님, 주위 사람들이 시험 결과에 실망하는 것이 걱정된다.	1	2	3	4	5
26	시험은 나에게 좌절감과 패배감을 맛보게 한다.	1	2	3	4	5
27	시험 치는 순간에도 성적이 떨어질까 마음 졸인다.	1	2	3	4	5
28	시험을 치는 동안 내 성적으로 원하는 학교에 갈 수 있을지 걱정한다.	1	2	3	4	5
29	시험 걱정에 매달려 마음의 여유가 없다.	1	2	3	4	5
30	이제 시험이나 성적 걱정에서 벗어났으면 좋겠다.	1	2	3	4	5

시험 불안 채점표

검사지에서 문항별로 체크한 점수를 모두 합한 것이 불안 점수입니다. 아래 불안 채점표를 참고해서 아이의 불안 정도를 파악하고 따뜻하게 보듬어 주세요.

30~50 : 정상 내지 가벼운 시험 불안

51~89 : 중간 수준의 시험 불안

90~120 : 심한 시험 불안

121~150 : 매우 심각한 시험 불안

4. 내 아이의 학교 스트레스 검사

번호	문항	스트레스 받은 정도				
		전혀 받지 않음	조금 받음	보통	많이 받음	아주 많이 받음
1	성적이 떨어졌을 때					
2	선생님이 시험 결과만으로 모든 것을 평가하실 때					
3	적성에도 안 맞을 뿐 아니라 재미없고 도움도 안 되는 수업을 듣고 있을 때					
4	친구가 따돌리거나 괴롭힐 때					
5	주위 환경(교실, 화장실 등)이 불결할 때					
6	열심히 공부해도 성적이 오르지 않을 때					
7	선생님이 말을 심하게 하실 때					
8	숙제가 너무 많을 때					
9	친구가 자기주장만 하고 이기적인 모습을 보일 때					
10	학교에 특별활동 교실이나 휴식 공간이 없을 때					
11	성적 때문에 선생님이나 부모님에게 꾸중을 들을 때					
12	선생님이 다른 학생 앞에서 내게 창피를 주실 때					
13	학교 수업 시간이 너무 많을 때					
14	친구가 오해하거나 믿어 주지 않을 때					
15	복장, 머리, 벌점제 등 학교 규칙이 엄할 때					

16	시험 시간이 다가오고 있을 때					
17	선생님이 차별 대우를 하실 때					
18	수업 내용이 어려워 선생님 설명이 잘 이해되지 않을 때					
19	경쟁자가 나보다 성적을 더 잘 받았을 때					
20	교실이 좁고 책걸상이 불편할 때					
21	시험 과목이 많거나 시험 범위가 너무 넓을 때					
22	선생님의 말씀과 행동이 다를 때					
23	공부를 해야 하지만 하기가 싫을 때					
24	모든 면에서 나보다 잘하는 친구가 있을 때					
25	교실이 겨울에 너무 춥거나 여름에 너무 더울 때					
26	쉽거나 아는 문제를 실수로 틀렸을 때					
27	선생님에게 부당한 처벌을 받았을 때					
28	효과적인 공부 방법을 모를 때					
29	친구가 비밀을 지키지 않았을 때					
30	학교 운동장이 좁거나 운동 시설 등이 부족할 때					

※ 이 질문지는 평가 점수가 따로 없습니다. 진로 코칭 전후를 비교하는 용도로 사용하면 좋습니다. 학기 초와 학기 후 혹은 1학기와 2학기를 비교해 보면서 변화의 추이를 확인하시기 바랍니다.

5. 내 아이의 학교 적응 척도 검사

번호	문항	전혀 그렇지 않다	거의 그렇지 않다	보통	대체로 그렇다	매우 그렇다
1	나는 선생님을 만날 때마다 인사를 한다.					
2	내년에도 지금의 선생님이 또 담임하면 좋겠다고 생각한다.					
3	나는 선생님과 자유롭게 이야기한다.					
4	학교 밖에서 선생님을 만나면 반갑다.					
5	선생님은 나에게 매우 친절하다.					
6	아이들이 교과서나 준비물을 가져오지 않으면 함께 보거나 빌려준다.					
7	학교에서 친구가 하는 일을 방해하지 않는다.					
8	나는 반 친구 누구와도 잘 어울려 논다.					
9	내가 친구에게 잘못했을 때는 먼저 사과한다.					
10	학교에서 회의할 때 많은 친구들이 내 이야기를 잘 따라 준다.					
11	공부 시간이 재미있다.					
12	그 시간에 배운 내용을 그 시간에 모두 이해한다.					
13	숙제와 학습 준비를 빠짐없이 한다.					

14	공부 시간에 다른 생각을 하거나 장난을 치지 않는다.					
15	예습과 복습을 꼭 한다.					
16	복도를 다닐 때 뛰지 않고 조용히 한 쪽으로 다닌다.					
17	학교 건물이나 빌린 물건을 내 물건처럼 소중히 사용한다.					
18	휴지나 쓰레기를 꼭 휴지통에 버린다.					
19	화장실이나 수도를 사용할 때 차례를 지키고 오랜 시간이라도 기다린다.					
20	학교에서 매주 정한 생활 목표를 잊지 않고 잘 지킨다.					
21	자연 보호, 마을 청소, 봉사 활동 같은 행사에 즐거운 마음으로 참여한다.					
22	애국 조회 시간에 애국가를 힘차게 부르고 바른 자세로 선생님 말씀을 잘 듣는다.					
23	운동회 날 덥고 힘들어도 즐거운 마음으로 열심히 참가한다.					
24	그리기, 글짓기, 웅변 대회 행사에 관심을 가지고 적극 참여한다.					
25	국경일의 뜻을 알고 집에 국기를 단다.					

※ 이 질문지는 평가 점수가 따로 없습니다. 진로 코칭 전후를 비교하는 용도로 사용하면 좋습니다. 학기 초와 학기 후 혹은 1학기와 2학기를 비교해 보면서 아이가 학교에 잘 적응해 가는지, 적응이 더 힘들어졌는지 관심을 가져 주시기 바랍니다.